三菱 FX5U PLC 编程技巧与实战

韩相争　编著

机械工业出版社

本书以三菱 FX5U PLC 为讲授对象，以其硬件和指令系统及应用为基础，以开关量控制、模拟量控制、定位控制、高速计数器测速的编程方法为重点，以控制系统的设计为最终目的，循序渐进，由浅入深全面展开。全书共 10 章，具体内容包括 FX5U PLC 硬件系统组成与编程基础、FX5U PLC 编程软件快速应用、FX5U PLC 基本指令及案例、FX5U PLC 应用指令及案例、子程序和中断程序的设计及案例、FX5U PLC 开关量控制程序设计、FX5U PLC 模拟量控制程序设计、编码器与高速计数器应用案例、FX5U PLC 定位控制程序设计、FX5U PLC 综合应用案例及 FX5U PLC 端子图。

本书不仅可作为广大电气工程技术人员自学和参考用书，也可作为高等工科院校、职业技术院校电气工程及自动化、机电一体化的 PLC 参考教材。

图书在版编目（CIP）数据

三菱 FX5U PLC 编程技巧与实战/韩相争编著.
北京：机械工业出版社，2025．4．--ISBN 978-7-111-77536-2

Ⅰ．TM571.61

中国国家版本馆 CIP 数据核字第 2025T03A68 号

机械工业出版社（北京市百万庄大街 22 号　邮政编码 100037）
策划编辑：任　鑫　　　　　　责任编辑：任　鑫　朱　林
责任校对：龚思文　牟丽英　　封面设计：马若濛
责任印制：刘　媛
北京中科印刷有限公司印刷
2025 年 4 月第 1 版第 1 次印刷
184mm×260mm・16.5 印张・414 千字
标准书号：ISBN 978-7-111-77536-2
定价：79.00 元

电话服务　　　　　　　　网络服务
客服电话：010-88361066　机　工　官　网：www.cmpbook.com
　　　　　010-88379833　机　工　官　博：weibo.com/cmp1952
　　　　　010-68326294　金　书　网：www.golden-book.com
封底无防伪标均为盗版　　机工教育服务网：www.cmpedu.com

前言

三菱 FX5U PLC 是三菱公司最新一代的小型可编程控制器，该产品以其 CPU 性能、内置功能和定位功能强大，模拟量扩展模块丰富，网络通信便捷，软件友好和编程高效等特点，在工控市场上占有较大份额且应用广泛。因此，熟悉 FX5U PLC 的性能，掌握其硬件接线、指令应用、编程方法和系统设计，对于电气工程技术人员来说，显得尤为重要。基于此，作者结合多年的教学与工程设计经验，着眼实际应用，历时 2 年为读者打造了本书。

本书以三菱 FX5U PLC 为讲授对象，以其硬件和指令系统及应用为基础，以开关量控制、模拟量控制、定位控制、高速计数器测速的编程方法为重点，以控制系统的设计为最终目的，循序渐进，由浅入深全面展开。

全书共 10 章，其具体内容包括 FX5U PLC 硬件系统组成与编程基础、FX5U PLC 编程软件快速应用、FX5U PLC 基本指令及案例、FX5U PLC 应用指令及案例、子程序和中断程序的设计及案例、FX5U PLC 开关量控制程序设计、FX5U PLC 模拟量控制程序设计、编码器与高速计数器应用案例、FX5U PLC 定位控制程序设计、FX5U PLC 综合应用案例及 FX5U PLC 端子图。

本书在编写的过程中，具有以下特色：

1）言简意赅、去粗取精，直击要点。

2）以图解形式讲解，生动形象，并配有视频讲解，易于读者学习。

3）案例多且典型，读者可边学边用。

4）详细阐述了开关量控制、模拟量控制、定位控制、高速计数器测速等编程方法，让读者在编程时有"法"可依，易于模仿和上手。

5）以 FX5U PLC 硬件系统手册、指令系统手册、编程手册（模拟量篇和定位篇）等为第一手资料，与实际接轨。

6）综合性和实用性强，本书给出了三菱 FX5U PLC 开关量控制、模拟量控制、定位控制及测速控制等的工程案例和与 MCGS 组态软件综合应用，便于读者适应复杂的工程环境，有助于提高读者的综合设计能力。

7）设有"编者有料"专栏，时时和读者进行编程经验的交流。

本书实用性强，不仅为初学者提供了一套有效的编程方法，还为工程技术人员提供了大量的实践经验，可作为广大电气工程技术人员自学和参考用书，也可作为高等工科院校、职业技术院校电气工程及自动化、机电一体化的 PLC 参考教材。

全书由韩相争编著；乔海审阅，马弘扬、张孝雨校对，韩霞、韩英、张振生、马力为本书的编写提供了帮助，在此一并表示衷心的感谢。

由于作者水平有限，书中难免有不足之处，敬请广大专家和读者批评指正。

作者
2024 年 9 月

目　录

前言

第 1 章　FX5U PLC 硬件系统组成与编程基础 …………………………… 1

1.1　FX5U PLC 概述 ………………………………………………………………… 2
1.2　FX5U PLC 硬件系统组成与产品型号 ………………………………………… 3
  1.2.1　CPU 模块 ………………………………………………………………… 3
  1.2.2　扩展模块 ………………………………………………………………… 5
  1.2.3　扩展板 …………………………………………………………………… 6
  1.2.4　扩展适配器 ……………………………………………………………… 7
  1.2.5　扩展延长电缆 …………………………………………………………… 7
1.3　FX5U PLC CPU 模块外形结构 ……………………………………………… 7
1.4　FX5U PLC CPU 模块的接线及应用实例 …………………………………… 9
  1.4.1　FX5U PLC CPU 模块端子排布 ………………………………………… 9
  1.4.2　FX5U PLC CPU 模块的接线 …………………………………………… 10
  1.4.3　CPU 模块与外围器件的接线实例 ……………………………………… 15
  1.4.4　知识扩展 ………………………………………………………………… 15
1.5　FX5U PLC 编程软元件 ……………………………………………………… 18
  1.5.1　输入继电器（X）与输出继电器（Y）………………………………… 19
  1.5.2　内部继电器（M）……………………………………………………… 21
  1.5.3　锁存继电器（L）……………………………………………………… 21
  1.5.4　链接继电器（B）……………………………………………………… 22
  1.5.5　链接特殊继电器（SB）………………………………………………… 22
  1.5.6　步进继电器（S）……………………………………………………… 22
  1.5.7　定时器（T/ST）………………………………………………………… 22
  1.5.8　计数器（C/LC）………………………………………………………… 23
  1.5.9　数据寄存器（D）……………………………………………………… 23
  1.5.10　链接寄存器（W）与链接特殊寄存器（SW）……………………… 23
  1.5.11　特殊继电器（SM）…………………………………………………… 23
  1.5.12　特殊寄存器（SD）…………………………………………………… 23

1.5.13　模块访问软元件 ……………………………………………………… 24
1.5.14　指针与常数 ………………………………………………………… 24

1.6 FX5U PLC 的寻址方式 …………………………………………………… 25
1.6.1　直接寻址 ……………………………………………………………… 25
1.6.2　间接寻址 ……………………………………………………………… 25

第 2 章　FX5U PLC 编程软件快速应用 …………………………………… 26

2.1 三菱 PLC 编程软件概述 ……………………………………………………… 27

2.2 工程创建及 GX Works3 软件操作界面 …………………………………… 27
2.2.1　创建一个新工程 ……………………………………………………… 27
2.2.2　GX Works3 软件操作界面 …………………………………………… 28

2.3 例解模块配置 ……………………………………………………………… 30
2.3.1　模块配置图简介 ……………………………………………………… 30
2.3.2　CPU 型号的更改 ……………………………………………………… 30
2.3.3　模块配置举例 ………………………………………………………… 30

2.4 例解程序的编辑和注释 …………………………………………………… 32
2.4.1　程序编辑 ……………………………………………………………… 32
2.4.2　程序注释 ……………………………………………………………… 38

2.5 例解程序下载、监控和调试 ……………………………………………… 39

第 3 章　FX5U PLC 基本指令及案例 ………………………………………… 45

3.1 位逻辑指令及案例 ………………………………………………………… 46
3.1.1　触点取用指令与线圈输出指令 ……………………………………… 46
3.1.2　触点串联指令 ………………………………………………………… 47
3.1.3　触点并联指令 ………………………………………………………… 48
3.1.4　电路块串联指令 ……………………………………………………… 48
3.1.5　电路块并联指令 ……………………………………………………… 49
3.1.6　脉冲检测指令 ………………………………………………………… 50
3.1.7　置位与复位指令 ……………………………………………………… 51
3.1.8　脉冲输出指令 ………………………………………………………… 52
3.1.9　取反指令 ……………………………………………………………… 53
3.1.10　程序结束指令 ………………………………………………………… 53
3.1.11　堆栈指令 …………………………………………………………… 54
3.1.12　主控指令和主控复位指令 ………………………………………… 55

3.2 梯形图程序的编写规则及优化 …………………………………………… 56

3.2.1　梯形图程序的编写规则 ……………………………………………… 56
　　3.2.2　梯形图程序的编写技巧 ……………………………………………… 57
　　3.2.3　梯形图程序的优化 …………………………………………………… 58
3.3　定时器指令及案例 ………………………………………………………… 60
　　3.3.1　定时器指令简介 ……………………………………………………… 60
　　3.3.2　定时器指令工作原理及案例 ………………………………………… 61
　　3.3.3　应用举例 ……………………………………………………………… 62
3.4　计数器指令及案例 ………………………………………………………… 63
　　3.4.1　计数器指令简介 ……………………………………………………… 63
　　3.4.2　计数器指令工作原理及案例 ………………………………………… 64
　　3.4.3　应用举例——产品数量检测控制 …………………………………… 64
3.5　PLC 编程中的经典小程序 ………………………………………………… 66
　　3.5.1　起保停电路与置位复位电路 ………………………………………… 66
　　3.5.2　互锁电路 ……………………………………………………………… 67
　　3.5.3　延时断开电路与延时接通 / 断开电路 ……………………………… 68
　　3.5.4　长延时电路 …………………………………………………………… 68
　　3.5.5　脉冲发生电路 ………………………………………………………… 71

第 4 章　FX5U PLC 应用指令及案例 …………………………………… 74

4.1　应用指令简介 ……………………………………………………………… 75
　　4.1.1　应用指令的格式 ……………………………………………………… 75
　　4.1.2　数据长度与执行形式 ………………………………………………… 75
　　4.1.3　操作数 ………………………………………………………………… 76
4.2　比较类指令及案例 ………………………………………………………… 77
　　4.2.1　比较指令 ……………………………………………………………… 77
　　4.2.2　区域比较指令 ………………………………………………………… 77
　　4.2.3　触点式比较指令 ……………………………………………………… 78
　　4.2.4　综合举例——小灯循环点亮 ………………………………………… 79
4.3　数据传送类指令及案例 …………………………………………………… 81
　　4.3.1　数据传送类指令 ……………………………………………………… 81
　　4.3.2　综合举例——两级传送带起停控制 ………………………………… 84
4.4　算术运算指令及案例 ……………………………………………………… 85
　　4.4.1　四则运算指令 ………………………………………………………… 85
　　4.4.2　加 1/ 减 1 指令 ………………………………………………………… 87
　　4.4.3　综合举例 ……………………………………………………………… 88
4.5　逻辑运算指令及案例 ……………………………………………………… 89

4.5.1　逻辑与指令 ······ 89
　　4.5.2　逻辑或指令 ······ 89
　　4.5.3　逻辑异或指令 ······ 90
　　4.5.4　综合举例 ······ 91
4.6　循环与移位指令 ······ 92
　　4.6.1　循环指令 ······ 92
　　4.6.2　位左移与位右移指令 ······ 92

第 5 章　子程序和中断程序的设计及案例 ······ 95

5.1　子程序的设计及应用举例 ······ 96
　　5.1.1　子程序调用指令 ······ 96
　　5.1.2　子程序指令应用举例 ······ 97
5.2　中断程序的设计及应用举例 ······ 97
　　5.2.1　中断指令 ······ 97
　　5.2.2　气缸伸缩控制 ······ 99
　　5.2.3　定时中断应用 ······ 100

第 6 章　FX5U PLC 开关量控制程序设计 ······ 102

6.1　经验设计法及案例 ······ 103
　　6.1.1　经验设计法简介 ······ 103
　　6.1.2　设计步骤 ······ 103
　　6.1.3　应用举例 ······ 103
6.2　翻译设计法及案例 ······ 105
　　6.2.1　翻译设计法简介 ······ 105
　　6.2.2　设计步骤 ······ 106
　　6.2.3　使用翻译法的几点注意事项 ······ 106
　　6.2.4　应用举例——延边三角形减压起动 ······ 108
6.3　顺序控制设计法与顺序功能图 ······ 111
　　6.3.1　顺序控制设计法 ······ 111
　　6.3.2　顺序功能图简介 ······ 112
6.4　起保停电路编程法及案例 ······ 116
　　6.4.1　单序列编程 ······ 116
　　6.4.2　选择序列编程 ······ 119
　　6.4.3　并行序列编程 ······ 124
6.5　置位复位指令编程法及案例 ······ 128

		6.5.1	单序列编程 ···	128

      6.5.2   选择序列编程 ··· 131

      6.5.3   并行序列编程 ··· 133

6.6   步进指令编程法及案例 ··· 136

      6.6.1   单序列编程 ··· 136

      6.6.2   选择序列编程 ··· 139

      6.6.3   并行序列编程 ··· 140

6.7   位移指令编程法及案例 ··· 144

6.8   交通信号灯控制系统的设计 ··· 145

      6.8.1   控制要求 ··· 145

      6.8.2   输入输出地址分配及硬件图样 ··· 146

      6.8.3   解法 1——经验设计法 ··· 146

      6.8.4   解法 2——比较指令编程法 ··· 150

      6.8.5   解法 3——起保停电路编程法 ··· 151

      6.8.6   解法 4——置位复位指令编程法 ··· 153

      6.8.7   解法 5——步进指令编程法 ··· 156

      6.8.8   解法 6——位移指令编程法 ··· 159

第 7 章　FX5U PLC 模拟量控制程序设计 ··· 161

7.1   模拟量控制概述 ··· 162

7.2   模拟量扩展模块技术指标与接线 ··· 162

      7.2.1   模拟量输入模块技术指标与接线 ··· 162

      7.2.2   模拟量输出模块技术指标与接线 ··· 164

      7.2.3   模拟量输入适配器技术指标与接线 ··· 166

      7.2.4   模拟量输出适配器技术指标与接线 ··· 168

      7.2.5   CPU 模块内置模拟量功能 ··· 169

7.3   工程量与内码的转换方法及应用举例 ··· 172

      7.3.1   压力与内码的转换应用举例 ··· 173

      7.3.2   温度与内码的转换应用举例 ··· 173

7.4   空气压缩机改造项目 ··· 175

      7.4.1   控制要求 ··· 175

      7.4.2   设计过程 ··· 176

第 8 章　编码器与高速计数器应用案例 ··· 180

8.1   编码器基础 ··· 181

8.1.1 增量式编码器 … 181
8.1.2 绝对式编码器 … 182
8.1.3 编码器输出信号类型 … 183
8.1.4 编码器与 FX5U PLC 的接线 … 184
8.1.5 增量式编码器的选型 … 186

8.2 高速计数器的相关知识 … 187

8.2.1 高速计数器的动作模式与类型 … 187
8.2.2 高速计数器的最高频率和输入软元件分配 … 190

8.3 高速计数器相关指令及用到的特殊寄存器和继电器 … 192

8.3.1 高速计数器相关指令 … 192
8.3.2 高速计数器用到的特殊寄存器和继电器 … 194

8.4 高速计数器在转速测量中的应用 … 196

8.4.1 直流电动机的转速测量 … 196
8.4.2 直流电动机转速测量硬件设计 … 196
8.4.3 直流电动机转速测量软件设计 … 197

第 9 章　FX5U PLC 定位控制程序设计 … 199

9.1 运动控制相关器件 … 200

9.1.1 步进电动机 … 200
9.1.2 步进电动机驱动器 … 201

9.2 相对定位与绝对定位概述 … 205

9.2.1 相对定位与绝对定位概念 … 205
9.2.2 例说相对定位与绝对定位 … 205

9.3 步进滑台相对定位控制的案例 … 206

9.3.1 控制要求 … 206
9.3.2 选型及相关设置 … 206
9.3.3 PLC 地址输入输出分配 … 206
9.3.4 步进滑台相对定位控制的接线图 … 206
9.3.5 软件配置参数 … 208
9.3.6 相对定位指令及特殊寄存器 … 210
9.3.7 步进滑台相对定位控制程序及解析 … 211

9.4 步进滑台绝对定位控制的案例 … 213

9.4.1 控制要求 … 213
9.4.2 硬件选型及相关设置 … 213
9.4.3 PLC 地址输入输出分配 … 213
9.4.4 步进滑台绝对定位控制的接线图 … 213

9.4.5 软件参数设置 …… 213

9.4.6 绝对定位相关指令 …… 215

9.4.7 步进滑台绝对定位控制程序及解析 …… 217

第 10 章　FX5U PLC 综合应用案例 …… 219

10.1　FX5U PLC 和 MCGS 触摸屏组态软件联机实现交通灯控制 …… 220

10.1.1　交通灯的控制要求 …… 220

10.1.2　硬件设计 …… 220

10.1.3　PLC 程序设计 …… 220

10.1.4　触摸屏画面设计及组态 …… 222

10.1.5　联机通信参数配置 …… 235

10.2　FX5U PLC 两种液体混合控制案例 …… 236

10.2.1　两种液体控制系统的控制要求 …… 236

10.2.2　PLC 及相关元件选型 …… 237

10.2.3　硬件设计 …… 237

10.2.4　程序设计 …… 245

10.2.5　两种液体混合自动控制调试 …… 248

10.2.6　编制控制系统使用说明 …… 248

附录　FX5U PLC 端子图 …… 250

参考文献 …… 251

第 1 章

FX5U PLC 硬件系统组成与编程基础

本章要点

- ◆ FX5U PLC 概述
- ◆ FX5U PLC 硬件系统组成与产品型号
- ◆ FX5U PLC CPU 模块外形结构
- ◆ FX5U PLC CPU 模块的接线及应用实例
- ◆ FX5U PLC 编程软元件
- ◆ FX5U PLC 的寻址方式

1.1 FX5U PLC 概述

FX5U PLC 是三菱电机自动化公司最新一代的小型可编程控制器，该产品具有以下特点。

扫一扫，看视频

1. 优越的 CPU 性能和高速系统总线

FX5U PLC 搭载了指令运算速度高达 34ns 的高速处理 CPU。此外，还可支持结构化程序及多程序的执行、ST 语言、通用 FB 功能块等。

FX5U PLC 系列在拥有高速 CPU 的同时，还能实现 1.5K 字 /ms（约为 FX3U 的 150 倍）的高速系统总线通信，在使用通信数量较多的智能功能模块时，能最大限度地发挥能力。

2. 内置功能强大

（1）内置模拟量输入输出端子

FX5U 中内置了 12bit 的 2 路的模拟量输入和 1 路的模拟量输出。

（2）内置以太网通信端口

内置以太网通信端口在网络上最多可以进行 8 通道的通信，可同时连接计算机和相关设备。另外，还支持与上位机之间的无缝 SLMP 通信等。

（3）内置 RS-485 端口（带 Modbus 功能）

内置 RS-485 通信端口，与三菱电机通用变频器之间的通信最远可达 50m，最多可达 16 台（可通过 6 个变频器专用指令进行控制）。另外，其还支持 Modbus 功能，最多可连接 32 站 PLC 或传感器、温度调节器等支持 Modbus 的设备。

（4）内置 SD 存储卡槽

内置的 SD 存储卡槽，非常便于进行程序升级和设备的批量生产。另外，SD 存储卡上可以记录数据，对把握分析设备的状态和生产状况有很大的帮助。

3. 定位控制功能强大

FX5U CPU 模块中内置了定位功能。此外，还可使用高速脉冲输入输出模块和简单运动模块进行复杂的多轴、插补控制。

4. 模拟量控制扩展模块丰富

除了前面介绍的 CPU 模块中内置的模拟量输入输出功能，其还可使用扩展适配器和扩展模块进行模拟量（电压、电流等）的输入和输出控制。

5. 网络通信便捷

MELSEC iQ-F 系列可根据控制内容构建出通过 CC-Link 实现的高速网络、以太网、MODBUS、Sensor Solution 等网络。此外，使用 CC-Link IE 现场网络可实现超高速、超高效地构建整个工厂的系统。

6. 软件友好，编程高效

GX Works3 是针对顺控程序的设计及维护提供综合性支持的软件。其使用图形化编程，操作起来较为直观，只需"选择"即可完成简单的程序编制。此外，通过诊断功能可快速排除故障，实现工程成本的削减。

1.2 FX5U PLC 硬件系统组成与产品型号

FX5U PLC 硬件系统主要包括 CPU 模块、扩展模块、扩展板和扩展适配器等，如图 1-1 所示。

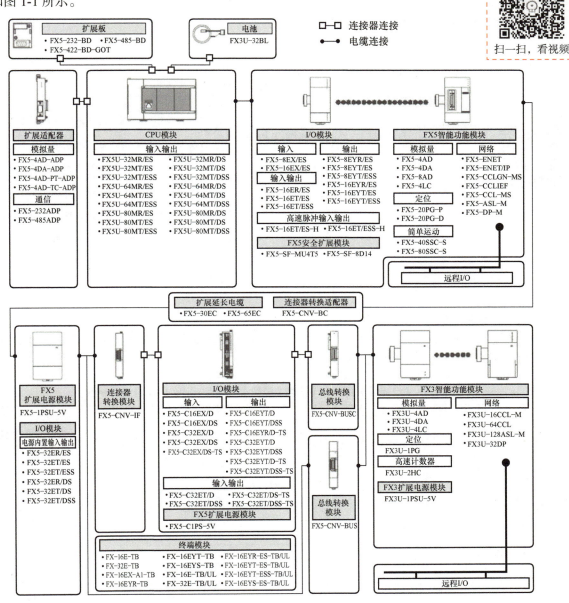

图 1-1　FX5U PLC 硬件系统组成

1.2.1　CPU 模块

CPU 模块又称基本模块和主机，它由 CPU 单元、存储器单元、输入输出接口单元以及电源组成。CPU 模块本身就是一个完整的控制系统，它可以单独的完成一定的控制任务，主要功能是采集输入信号，执行程序，发出输出信号和驱动外部负载。

FX5U CPU 模块按输入输出点数分有 3 种规格，分别为 32 点、64 点和 84 点。CPU 模块输入输出点数各占一半，如 32 点 CPU 模块，输入有 16 点，输出有 16 点。

1. CPU 模块的型号

CPU 模块的型号，如图 1-2 所示。

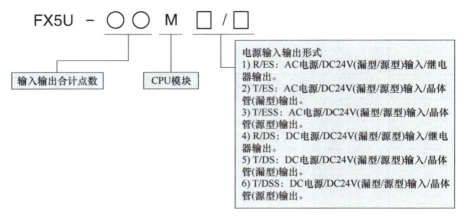

图 1-2　CPU 模块的型号

2. CPU 模块的技术参数

AC 电源 /DC24V（漏型 / 源型）输入型 CPU 模块的技术参数，见表 1-1。DC 电源 /DC24V（漏型 / 源型）输入型 CPU 模块的技术参数，见表 1-2。

表 1-1　AC 电源 /DC24V（漏型 / 源型）输入型 CPU 模块的技术参数

型号	输入输出点数			输入形式	输出形式	输入输出连接形式	电源容量	
	合计点数	输入点数	输出点数				DC5V 电源	DC24V 供给电源
FX5U-32MR/ES	32 点	16 点	16 点	DC24V（漏型 / 源型）	继电器	螺钉式端子排	900mA	400mA（480mA）
FX5U-32MT/ES					晶体管（漏型）			
FX5U-32MT/ESS					晶体管（源型）			
FX5U-64MR/ES	64 点	32 点	32 点	DC24V（漏型 / 源型）	继电器	螺钉式端子排	1100mA	600mA（740mA）
FX5U-64MT/ES					晶体管（漏型）			
FX5U-64MT/ESS					晶体管（源型）			
FX5U-80MR/ES	80 点	40 点	40 点	DC24V（漏型 / 源型）	继电器	螺钉式端子排	1100mA	600mA（770mA）
FX5U-80MT/ES					晶体管（漏型）			
FX5U-80MT/ESS					晶体管（源型）			

表 1-2　DC 电源 /DC24V（漏型 / 源型）输入型 CPU 模块的技术参数

型号	输入输出点数			输入形式	输出形式	输入输出连接形式	电源容量	
	合计点数	输入点数	输出点数				DC5V 电源	DC24V 供给电源
FX5U-32MR/DS	32 点	16 点	16 点	DC24V（漏型 / 源型）	继电器	螺钉式端子排	900mA（775mA）	480mA（360mA）
FX5U-32MT/DS					晶体管（漏型）			
FX5U-32MT/DSS					晶体管（源型）			
FX5U-64MR/ES	64 点	32 点	32 点	DC24V（漏型 / 源型）	继电器	螺钉式端子排	1100mA（975mA）	740mA（530mA）
FX5U-64MT/DS					晶体管（漏型）			
FX5U-64MT/DSS					晶体管（源型）			
FX5U-80MR/ES	80 点	40 点	40 点	DC24V（漏型 / 源型）	继电器	螺钉式端子排	1100mA（975mA）	770mA（560mA）
FX5U-80MT/DS					晶体管（漏型）			
FX5U-80MT/DSS					晶体管（源型）			

1.2.2　扩展模块

扩展模块是用于扩展输入输出端子及特殊功能的一类模块。扩展模块的连接方式有扩展电缆型和扩展连接器型两种，如图 1-3 所示。

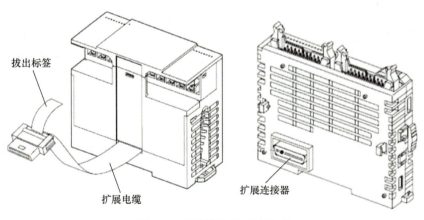

图 1-3　扩展模块的连接方式

扩展模块主要包括 I/O 模块、智能模块、扩展电源模块、总线转换模块和连接器转换模块等。

1. I/O 模块

（1）简介

I/O 模块是用于扩展数字量输入输出的一类模块。该模块可以分为数字量输入模块、数字量输出模块、数字量输入输出模块、电源内置输入输出模块和高速脉冲输入输出模块。

（2）型号

I/O 模块的型号，如图 1-4 所示。

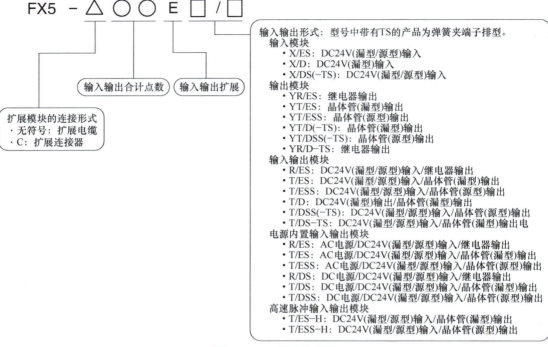

图 1-4　I/O 模块的型号

2. 智能模块

智能模块主要是应用模拟量进行定位、实现简单运动和组成网络等场合的一类模块。该模块可以分为 FX5 智能功能模块和 FX3 智能功能模块。值得注意的是，FX5 智能功能模块可以直接连接到 FX5U CPU 模块的右侧，而 FX3 智能功能模块需要通过总线转换模块才能与 FX5U CPU 模块连接。

3. 扩展电源模块

扩展电源模块是当 CPU 模块内置电源不够时所扩展的电源。该模块型号可参考图 1-1。

4. 总线转换模块

总线转换模块是在 FX5U 的系统中用于连接 FX3 扩展模块的模块。该模块型号可参考图 1-1。

5. 连接器转换模块

连接器转换模块是在 FX5U 的系统中用于连接扩展模块（扩展连接器型）的模块。该模块型号可参考图 1-1。

1.2.3　扩展板

扩展板用于功能扩展，通常安装在 CPU 模块的正面，且一台 CPU 模块只能安装一块扩展板。扩展板类型见表 1-3。

第 1 章　FX5U PLC 硬件系统组成与编程基础

表 1-3　扩展板类型

型号	功能	消耗电流	
		DC5V 电源	DC24V 电源
FX5-232-BD	RS-232C 通信用	20mA	—
FX5-485-BD	RS-485 通信用	20mA	—
FX5-422-BD-GOT	RS-422 通信用（GOT 连接用）	20mA	—

1.2.4　扩展适配器

扩展适配器是用于扩展功能的适配器。扩展适配器连接在 CPU 模块左侧。扩展适配器类型，见表 1-4。

表 1-4　扩展适配器类型

型号	功能	输入输出占用点数	消耗电流		
			DC5V 电源	DC24V 电源	外部 DC24V 电源
FX5-4AD-ADP	4 通道电压输入 / 电流输入	—	10mA	20mA	—
FX5-4DA-ADP	4 通道电压输出 / 电流输出	—	10mA	—	160mA
FX5-4AD-PT-ADP	4 通道测温电阻输入	—	10mA	20mA	—
FX5-4AD-TC-ADP	4 通道热电偶输入	—	10mA	20mA	—
FX5-232ADP	RS-232C 通信用	—	30mA	30mA	—
FX5-485ADP	RS-485 通信用	—	20mA	30mA	—

1.2.5　扩展延长电缆

当 FX5 扩展模块（扩展电缆型）安装在较远场所时使用。

1.3　FX5U PLC CPU 模块外形结构

FX5U PLC CPU 模块的外形结构，如图 1-5 所示。它采用的是典型的整体式结构，其 CPU 单元、存储器单元、I/O 接口单元及电源集中封装在同一塑料机箱内。

1. 输入端子

输入端子是外部输入信号与 PLC 连接的接线端子，在顶部端盖下面。此外，顶部端盖下面还有 PLC 供电电源端子、输入公共端子和 24V 直流电源端子，24V 直流电源可以为传感器和光电开关等提供能量。

2. 输出端子

输出端子是外部负载与 PLC 连接的接线端子，在底部端盖下面。

3. 输入状态指示灯（LED）

输入状态指示灯用于显示是否有输入控制信号接入 PLC。当指示灯亮时，表示有控制信号接入 PLC；当指示灯不亮时，表示没有控制信号接入 PLC。

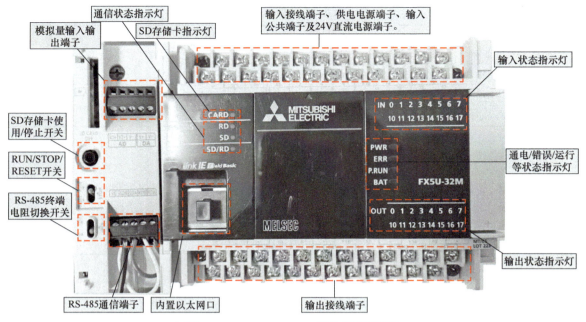

图 1-5　FX5U PLC CPU 模块的外形结构

4. 输出状态指示灯（LED）

输出状态指示灯用于显示是否有输出信号驱动执行设备。当指示灯亮时，表示有输出信号驱动外部设备；当指示灯不亮时，表示没有输出信号驱动外部设备。

5. 状态指示灯

状态指示灯有 PWR、ERR、P.RUN 和 BAT 四个，其中 PWR 指示灯用于显示 CPU 模块的通电状态。灯亮表示通电中；灯灭表示断电中或硬件异常。

ERR 指示灯用于显示 CPU 模块的错误状态。灯亮表示发生错误中，或硬件异常；闪烁表示出厂状态，发生错误中，硬件异常，或复位中；灯灭表示正常动作中。

P.RUN 指示灯用于显示程序的动作状态。灯亮表示正常动作中；闪烁表示 PAUSE 状态、停止中（程序不一致），或运行中正在写入时（运行中写入时 PAUSE 或 RUN）；灯灭表示停止中，或发生停止错误中。

BAT 指示灯用于显示电池的状态。闪烁表示发生电池错误中；灯灭表示正常动作中。

6. 以太网接口

用于连接支持以太网的设备。

7. SD 存储卡插口

该插口可以插入 SD 卡。

8. RS-485 通信端子

用于连接支持 RS-485 的设备。

9. 内置模拟量输入输出端子

用于连接模拟量输入输出设备。

第 1 章 FX5U PLC 硬件系统组成与编程基础

10. RUN/STOP/RESET 开关

操作 CPU 模块的动作状态的开关。RUN 表示执行程序；STOP 表示停止程序；RESET 表示复位 CPU 模块（倒向 RESET 侧保持约 1s）。

11. RS-485 终端电阻切换开关

切换内置 RS-485 通信用终端电阻的开关。

12. SD 存储卡使用停止开关

需拆下 SD 存储卡时，停止存储卡访问的开关。

1.4 FX5U PLC CPU 模块的接线及应用实例

1.4.1 FX5U PLC CPU 模块端子排布

要弄清 FX5U PLC CPU 模块的接线，首先要熟悉 FX5U PLC CPU 模块的端子排布。本书以 FX5U PLC 32 点 CPU 模块为例，对端子排布问题进行说明，如图 1-6 所示。其余点数 CPU 模块的端子排布情况，详见附录。

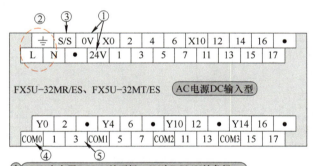

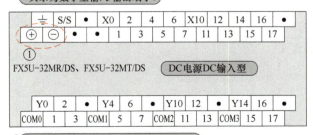

图 1-6　FX5U PLC 32 点 CPU 模块的端子排布

1.4.2 FX5U PLC CPU 模块的接线

正确接线是保证 FX5U PLC 安全可靠工作的前提，FX5U PLC 的接线包括供电电源接线、输入输出接线和接地。

1. 供电电源接线

FX5U PLC CPU 模块供电情况通常分为两种：一种是交流供电；另一种是直流供电。交流供电是指直接使用工频交流电，通过交流电源输入端子（L、N）接入 CPU 模块。交流供电对电压的要求较宽松，一般为 100～240V；直流供电是将外部 24V 直流电，通过直流电源输入端子（+，-）接入 CPU 模块。图 1-7、图 1-8 给出了 CPU 模块带扩展模块的两种供电情况。

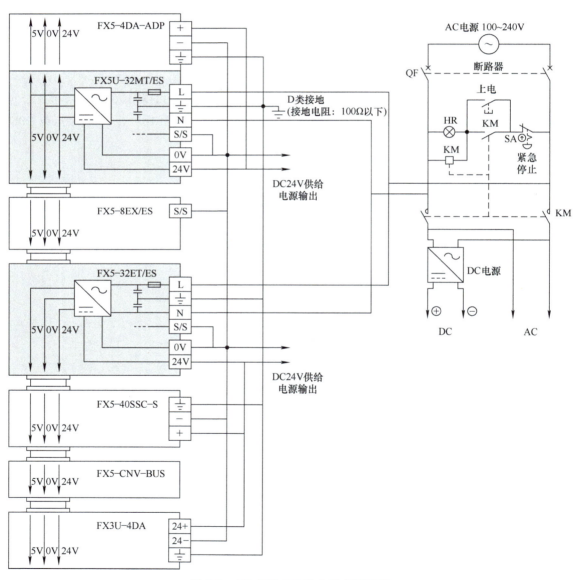

图 1-7　AC 电源 /DC 输入型电源接线

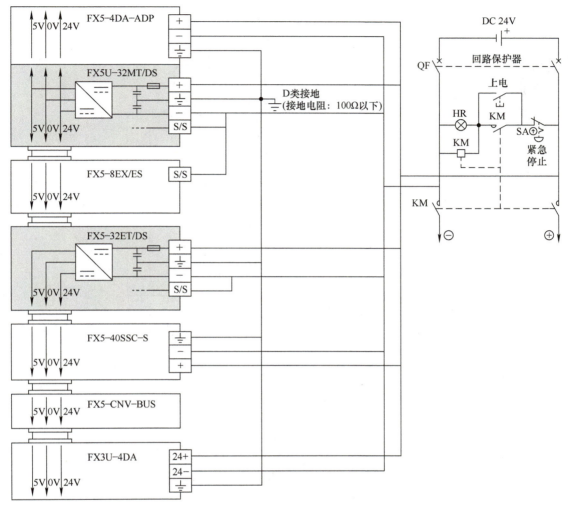

图 1-8 DC 电源/DC 输入型电源接线

需要指出的是，不带内置电源的扩展模块所需的 24V 直流电，可由 CPU 模块或带有内置电源的扩展模块提供。

2. 输入回路接线

输入器件都是一些触点类器件及传感器，如按钮、开关和光电传感器等。输入器件在接入 FX5U PLC 时，有两种接法：一种是源型接法；另一种是漏型接法。所谓的源型接法是指，输入回路电流从 FX5U PLC 的输入端流入，从公共端（S/S）流出；所谓的漏型接法是指，输入回路电流从 FX5U PLC 的公共端（S/S）流入，从输入端流出。结合输入回路是由内置电源供电还是由外部电源供电，将输入接线总结为如下几种。

（1）内置电源供电漏型接法

内置电源供电漏型接法，如图 1-9 所示。

（2）内置电源供电源型接法

内置电源供电源型接法，如图 1-10 所示。

扫一扫，看视频

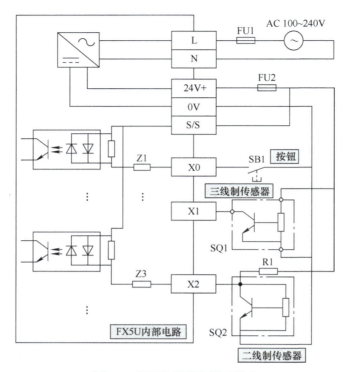

图 1-9　内置电源供电漏型接法

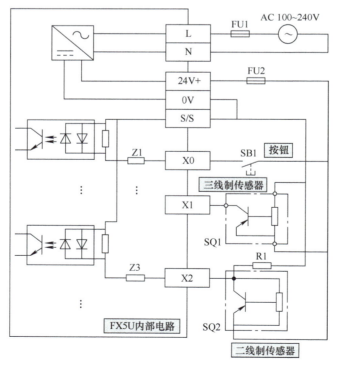

图 1-10　内置电源供电源型接法

（3）外部电源供电漏型接法

外部电源供电漏型接法，如图1-11所示。

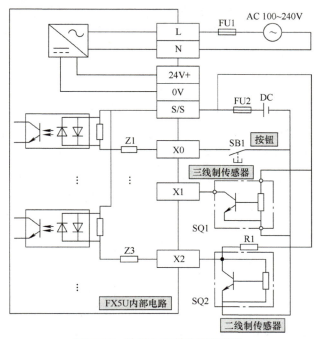

图1-11　外部电源供电漏型接法

（4）外部电源供电源型接法

外部电源供电源型接法，如图1-12所示。

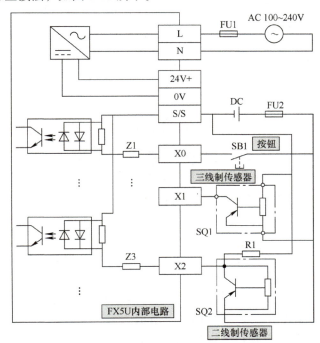

图1-12　外部电源供电源型接法

> **编者有料**
>
> 上述给出的4种输入回路的接线方法是交流电源（L/N）供电CPU模块的情况，直流电源（+/–）供电CPU模块的输入回路接线也分为漏型和源型两种，读者可根据上述电路自行推理，这里不再给出。

3. 输出回路接线

输出器件主要有接触器、继电器、电磁阀等线圈，这些器件均需外接专用电源供电。输出器件在接入FX5U PLC时，线圈的一端接入输出点，另一端经专用电源接入输出公共端（COM0等）。因输出点连接的线圈种类繁多，不同线圈所需电源类型和电压也不同，因此FX5U PLC输出点通常分为若干组，且每组均有各自的公共端。FX5U PLC输出点的额定电流一般情况下，继电器输出型为2A，晶体管输出型为0.5A。因此，大电流的执行器件需配装中间继电器。输出器件接线，如图1-13所示。

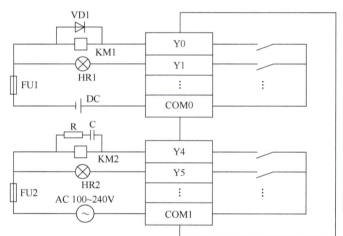

重点提示：
1）PLC输出电路无内置熔断器，为防止负载短路使PLC内置基板烧毁，往往每组设置5~10A熔断器。
2）为了防止感性负载断时产生的反向电动势使FX5U PLC内部输出元件损坏，因此直流感性负载需并联续流二极管，交流感性负载需并联阻容吸收电路；续流二极管选用额定电流为1A，额定电压为电源电压的3倍；阻容元件，电阻可选50~120Ω，电容为0.1~0.47μF。
3）注意续流二极管的连接极性，电源负极与续流二极管阳极相连，电源正极与续流二极管阴极相连。

图1-13 输出器件接线

> **编者有料**
>
> 上述给出的输出回路接线方法针对的是继电器输出型CPU模块，所以每组既可以由直流电源单独供电，也可由交流电源单独供电；如果是晶体管输出型，那么只能由直流电源供电，接线方法可以参考继电器输出型，具体不再给出。

4. 接地

良好的接地是保证PLC安全可靠工作的重要条件，FX5U PLC接地一般遵循以下原则：

1）FX5U PLC最好采用独立的接地装置单独接地，如图1-14a所示。如不可能，可与其他设备共用接地系统，但需用自己的接地线直接与公共接地极相连，如图1-14b所示，绝不允许与大型电动机等设备共用接地系统，如图1-14c所示。

2）FX5U PLC接地线应尽量短，使得接地极尽量靠近FX5U PLC；一般接地线最长不超过20m。

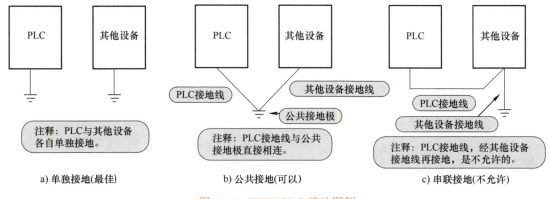

图 1-14　FX5U PLC 接地图例

3）FX5U PLC 如有多个单元组成，为保证各单元间等电位，各单元间采用同一点接地；特别地，若一台 PLC 输入输出单元分散在较远的现场（大于 100m），是可以分开接地的。

4）接地线线径应大于 2.5mm^2，接地电阻应小于 100Ω。

5）若 FX5U PLC 输入输出信号线采用屏蔽电缆，其屏蔽网应采取单端接地，即靠近 FX5U PLC 这端电缆接地，而另一端不接地。

1.4.3　CPU 模块与外围器件的接线实例

外围器件包括输入器件和输出器件。输入器件可分为触点型和电子型，触点型输入器件有开关、按钮、行程开关和液位开关等，这类器件多为二线制；电子型输入器件有接近开关、光电开关、电感式传感器、电容式传感器和电磁流量计等，这类器件多为三线制；输出器件如接触器、继电器和电磁阀等。CPU 模块与外围器件的接线实例如图 1-15 所示。

1. 输入器件与 CPU 模块的连接

输入器件如果是二线制，它的一端连接 CPU 模块的输入点，另一端经熔断器连接到输入回路电源的正极；输入器件如果是三线制，两根电源线正常供电，信号线连接到 CPU 模块的输入点上。

2. 输出器件与 CPU 模块的连接

输出器件的一端连接到 CPU 模块的输出点上，另一端连接到输出回路电源的正极，输出回路采用的是漏型接法。

1.4.4　知识扩展

1. 二线制接近开关和 PLC 间的接线存在的问题及解决方案

二线制接近开关和 PLC 间的接线存在的问题及解决方案，如图 1-16 所示。

2. 三菱 FX5U PLC 实物接线

三菱 FX5U PLC 实物接线图，如图 1-17 所示。

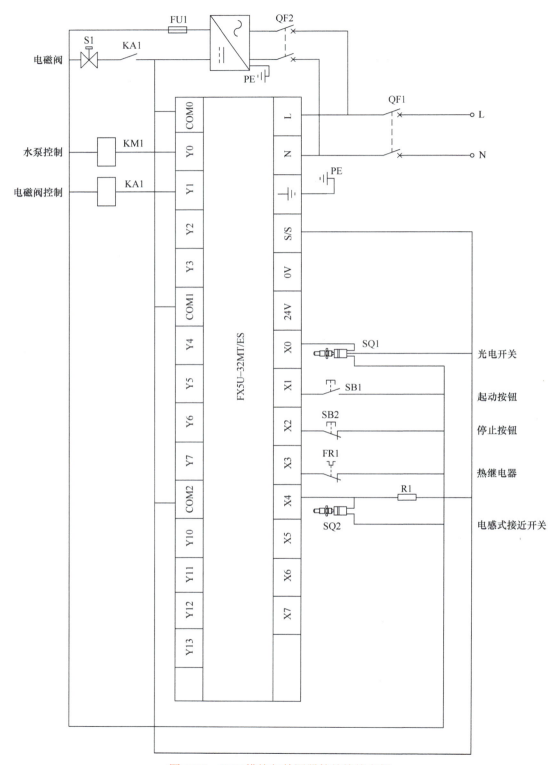

图 1-15 CPU 模块与外围器件的接线实例

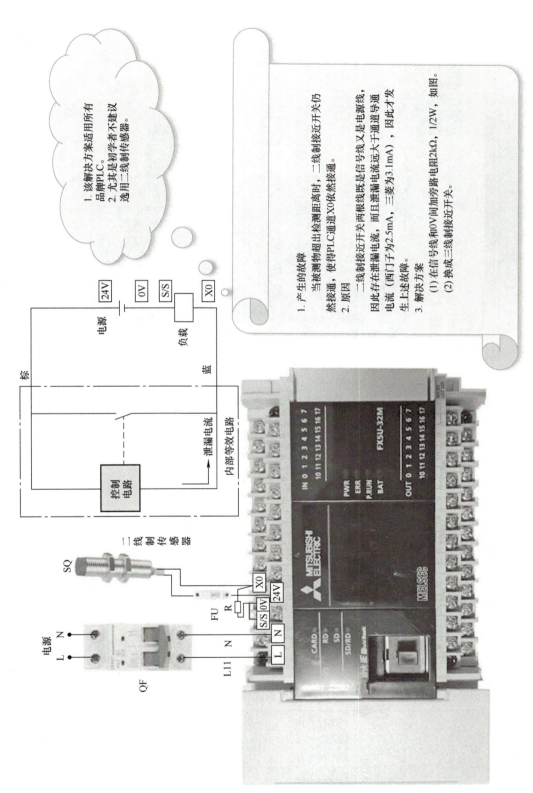

图 1-16 二线制接近开关和 PLC 间的接线存在的问题及解决方案

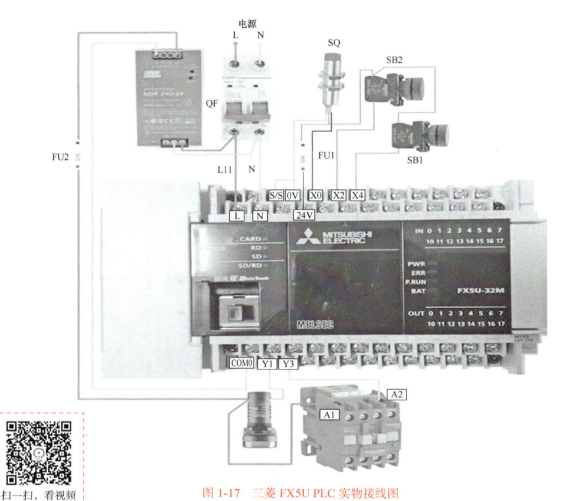

图 1-17 三菱 FX5U PLC 实物接线图

1.5 FX5U PLC 编程软元件

PLC 是以 CPU 单元为核心，以运行程序的方式实现控制功能的。其内部有各种编程软元件，用户通过编程来表达出各编程软元件间的逻辑关系，进而实现各种逻辑控制功能。FX5U PLC 编程软元件有输入继电器（X）、输出继电器（Y）、内部继电器（M）、步进继电器（S）、锁存继电器（L）、特殊寄存器（SD）、定时器（T）、计数器（C）和数据寄存器（D）等，具体见表 1-5。

表 1-5 FX5U PLC 编程软元件

分类	类型	软元件名称	符号	标记
用户软元件	位	输入继电器	X	八进制数
	位	输出继电器	Y	八进制数
	位	内部继电器	M	十进制数
	位	锁存继电器	L	十进制数

（续）

分类	类型	软元件名称	符号	标记
用户软元件	位	链接继电器	B	十六进制数
	位	报警器	F	十进制数
	位	链接特殊继电器	SB	十六进制数
	位	步进继电器	S	十进制数
	位/字	定时器	T（触点：TS、线圈：TC、当前值：TN）	十进制数
	位/字	累计定时器	ST（触点：STS、线圈：STC、当前值：STN）	十进制数
	位/字	计数器	C（触点：CS、线圈：CC、当前值：CN）	十进制数
	位/双字	长计数器	LC（触点：LCS、线圈：LCC、当前值：LCN）	十进制数
	字	数据寄存器	D	十进制数
	字	链接寄存器	W	十六进制数
	字	链接特殊寄存器	SW	十六进制数
系统软元件	位	特殊继电器	SM	十进制数
	字	特殊寄存器	SD	十进制数
模块访问软元件（U□\G□）	字	模块访问软元件	G	十进制数
变址寄存器	字	变址寄存器	Z	十进制数
	双字	长变址寄存器	LZ	十进制数
文件寄存器	字	文件寄存器	R	十进制数
	字	扩展文件寄存器	ER	十进制数
嵌套	—	嵌套	N	十进制数
指针	—	指针	P	十进制数
	—	中断指针	I	十进制数
SFC	—	SFC 块软元件	BL	十进制数
	—	SFC 转移软元件	TR	十进制数
常数	—	十进制常数	K	十进制数
	—	十六进制常数	H	十六进制数
	—	实数常数	E	—
	—	字符串常数	—	—

1.5.1 输入继电器（X）与输出继电器（Y）

1. 输入继电器（X）

输入继电器与输入端子相连，它是 PLC 接收外部输入信号的窗口。换句话说，外部输入信号通过驱动输入继电器线圈，从而带动其触点动作。输入继电器等效电路，如图 1-18 所示。

需要说明的是，输入继电器状态只能由外部输入信号驱动，不能由内部指令改写；在编程时，只能使用输入继电器的触点，不能出现输入继电器的线圈，且 PLC 提供了无数个常开/常闭触点供编程使用。此外还需注意，输入继电器采用八进制编号，如 X0～X7，不存在 X8、X9，下一组编号从 X10 开始。

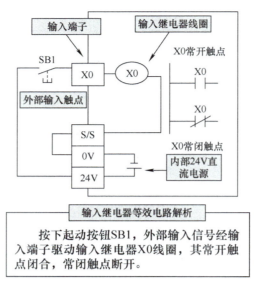

图 1-18 输入继电器等效电路

2. 输出继电器（Y）

输出继电器是向外部负载发出控制信号的窗口。输出继电器线圈由 PLC 内部指令驱动，其线圈状态先传送给输出接口模块，再由输出接口模块的硬件触点来驱动外部负载。输出继电器等效电路，如图 1-19 所示。

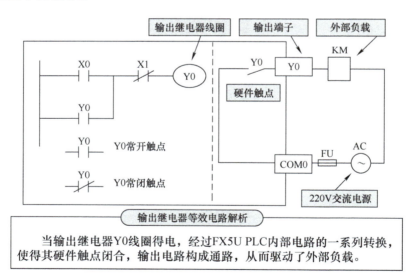

图 1-19 输出继电器等效电路

需要说明的是，输出继电器线圈通断状态只能由内部指令驱动；软件上输出继电器有无数个常开/常闭触点供编程使用，但硬件上只有一个常开触点；编程时，输出继电器的触点和线圈均能出现，且其线圈的通断状态表示程序的最终运算结果，这与下面要讲的内部继电器有着明显区别。此外还需注意，输出继电器也是采用八进制编号，如 Y0～Y7，不存在 Y8、Y9，下一组编号从 Y10 开始。

3. 输入输出继电器整体说明

下面将就 FX5U PLC 读入和写输出信号做整体说明，输入输出继电器等效电路，如图 1-20 所示。

扫一扫，看视频

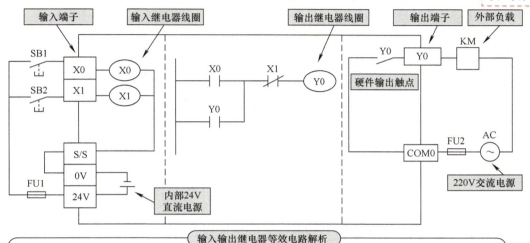

图 1-20　输入输出继电器等效电路

1.5.2　内部继电器（M）

内部继电器是 PLC 中非常重要的中间编程元件之一，它不能直接接收外部输入信号，也不能直接驱动外部负载，其作用相当于继电器控制电路中的中间继电器。内部继电器常用来存储逻辑运算的中间结果，其线圈状态只能由内部指令驱动。在编程中，有无数个常开/常闭触点供使用。

需要指出的是，FX5U PLC 内部继电器中不含断电保持型继电器和特殊继电器，有专门的编程软元件负责这些功能。

1.5.3　锁存继电器（L）

1. 锁存继电器简介

锁存继电器是在 CPU 模块内部作为辅助继电器使用的软元件，相当于 FX3U PLC 中的断电保持型继电器，具有断电保持功能，当断电后重新上电，锁存继电器的状态不会改变。

2. 锁存继电器与内部继电器应用举例

分析图 1-21 所示的例子，事先将小灯 Y0 和 Y1 点亮，当系统断电再重新上电，哪盏小灯依然会亮？

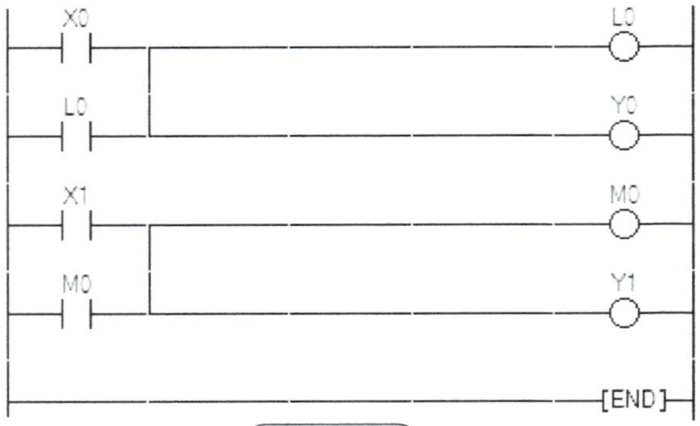

图 1-21　锁存继电器与内部继电器应用举例

程序解析
当PLC上电运行后，接通X0和X1，M0和L0线圈得电并自锁，Y0和Y1得电，小灯都点亮；当系统断电后重新上电，X1、M0和Y1都会被清零，Y1小灯不亮；L0不会被清零，因此Y0小灯仍然得电。

1.5.4　链接继电器（B）

1. 简介

链接继电器是在网络模块与 CPU 模块之间刷新位数据时，在 CPU 侧使用的软元件，使用方法与内部继电器（M）相似，只不过内部继电器（M）采用的是十进制编号，而链接继电器（B）采用的是十六进制编号。

2. 使用链接继电器（B）的网络模块刷新

在 CPU 模块内的链接继电器（B）与网络模块的链接继电器（LB）之间相互收发数据。通过网络模块的参数，可设置刷新范围。未用于刷新的位置可用于其他用途。

1.5.5　链接特殊继电器（SB）

网络模块的通信状态及异常检测状态将被输出到网络内的链接特殊继电器中。链接特殊继电器（SB）是以作为网络内的链接特殊继电器的刷新目标使用为目的的软元件。未用于刷新的位置可用于其他用途。

1.5.6　步进继电器（S）

与内部继电器一样，步进继电器也是编制顺控程序的重要的编程软元件之一，它通常与步进指令 STL 联用。

1.5.7　定时器（T/ST）

定时器是 PLC 中最常用的编程软元件之一，其功能与继电器控制系统中的时间继电器相同，起到延时作用。与时间继电器不同的是，定时器有无数对常开 / 常闭触点供用户编程使用，其结构主要由一个 16 位当前值寄存器（用来存储当前值）、一个 16 位预置值寄存器（用来存储预置值）和 1 位状态位（反映其触点的状态）组成。

在 FX5U PLC 中，按工作方式的不同，可以将定时器分为两大类，即通用定时器（T）和累计定时器（ST）。按时基的不同，又可以将定时器分为低速定时器、普通定时器和高速定时器。

1.5.8 计数器（C/LC）

计数器是一种用来累计输入脉冲个数的编程软元件，其结构主要由一个 16 位当前值寄存器、一个 16 位预置值寄存器和 1 位状态位组成。在 FX5U PLC 中，按计数长度的不同，可将计数器分为两大类，即 16 位保持型计数器（C）和 32 位保持型长计数器（LC）。

1.5.9 数据寄存器（D）

数据寄存器是用来存储数据的编程软元件，它供数据传送、比较和运算等使用。数据寄存器可以存储 16 位数据，两个元件编号相邻的数据寄存器组合也可存储 32 位数据，具体如图 1-22 所示。

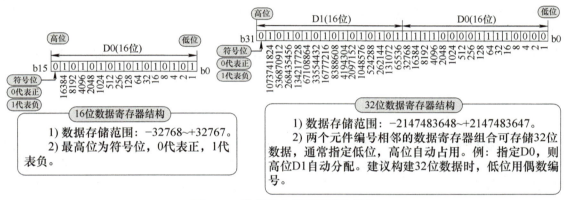

图 1-22　数据寄存器的结构及特点

1.5.10 链接寄存器（W）与链接特殊寄存器（SW）

链接寄存器（W）是在网络模块与 CPU 模块之间刷新字数据时，在 CPU 模块侧使用的软元件。

网络的通信状态及异常检测状态的字数据信息将被输出到网络内的链接特殊寄存器（SW）。链接特殊寄存器（SW）是作为网络内的链接特殊寄存器刷新目标使用的软元件。未用于刷新的位置可用于其他用途。

1.5.11 特殊继电器（SM）

特殊继电器（SM）是 FX5U PLC 内部确定规格的内部继电器，因此不能像通常的内部继电器那样用于程序中。但是，可根据需要置为 ON/OFF 以控制 CPU 模块。常见的特殊继电器，如图 1-23 所示。

1.5.12 特殊寄存器（SD）

特殊寄存器（SD）是 FX5U PLC 内部确定规格的内部寄存器，因此不能像通常的内部寄存器那样用于程序中。但是，可根据需要写入数据控制 CPU 模块。在模拟量编程时会经常涉及。

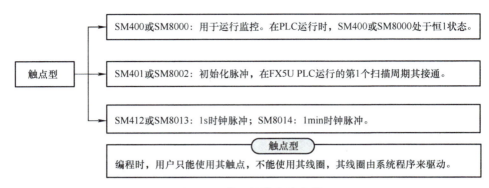

图 1-23 常见的特殊继电器

1.5.13 模块访问软元件

模块访问软元件是从 CPU 模块直接访问连接在 CPU 模块上的智能功能模块的缓冲存储器的软元件。通过 U[智能功能模块的模块编号]\G[缓冲存储器地址] 来指定，如 U5\G11。通过模块访问软元件进行的读取 / 写入，比通过 FROM/TO 指令进行读取 / 写入的处理速度要快。

1.5.14 指针与常数

1. 指针（P、I）

在程序执行过程中，当某一条件满足时，会跳转过一段不需要执行的程序、调用一个子程序或执行指定的中断程序。这时需要用一个"操作标记"指明跳转、调用目标或指明中断程序的入口，这一"操作标记"即指针。指针通常可分为分支指针（P）和中断指针（I）。

2. 常数（K、H）

K 是十进制常数的表示符号，有两方面用途：
① 可以指定定时器、计数器的设定值；
② 可以指定应用指令操作数中的数值。
H 是十六进制常数的表示符号，用来指定应用指令操作数中的数值。
常数 K 和常数 H 的应用实例，如图 1-24 所示。

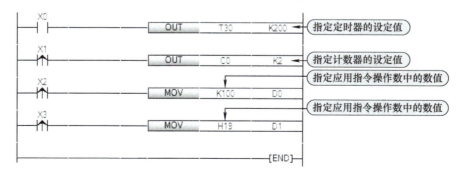

图 1-24 常数 K 和常数 H 的应用实例

如 25 用十进制常数可以表示为 K25，用十六进制常数可以表示为 H19。

1.6 FX5U PLC 的寻址方式

PLC 将数据存放在不同的存储单元中，每个存储单元都有唯一确定的地址编号。在程序执行过程中，处理器根据指令中所给的地址信息来寻找操作数的存放地址的方式叫寻址。FX5U PLC 的寻址方式有直接寻址和间接寻址两种。

1.6.1 直接寻址

直接寻址是指在指令中直接使用存储器或寄存器地址编号，直接到指定的区域读取或写入数据。直接寻址可分为位寻址、字寻址、双字寻址和位组合寻址。

1. 位寻址

位寻址是针对逻辑变量存储的寻址方式。FX5U PLC 中输入继电器、输出继电器、内部继电器和步进继电器等采用位寻址方式。位地址包含存储器类型和序号，如 X0、Y0、M2、S10 等，其中字母表示存储器类型，数字表示以位为单位的存储器序号。特别地，如 D0.0，是字元件的位指定，这是 FX5U PLC 特有的。

2. 字寻址

在 FX5U PLC 中，一个字长由 16 个二进制位组成，其中最高位为符号位，0 代表正，1 代表负。字寻址在数据存储上用。字地址包含存储器类型和序号，如 D0 等。

3. 双字寻址

FX5U PLC 也可双字寻址，双字寻址存储单元为 32 位，通常指定低位，高位自动占有，建议构成 32 位数据时低位地址序号用偶数。如指定低位 D20，高位 D21 自动分配。

4. 位组合寻址

在 FX5U PLC 中，为了使位元件联合起来存储数据，提供了位组合寻址方式。位元件可以为 X、Y、M 和 S，位组合是由 4 个连续的位元件组成，用 KnP 表示，其中 P 为位元件的首地址，n 为组数，$n = 1 \sim 8$。例如，K2Y0 表示由 Y0~Y7 组成的两个位元件组，其中 Y0 为位元件首地址，$n = 2$。

1.6.2 间接寻址

间接寻址是指数据存放在变址寄存器中，在指令中出现所需数据的存储单元内存地址即可。

第 2 章

FX5U PLC 编程软件快速应用

本章要点

- ◆ 三菱 PLC 编程软件概述
- ◆ 工程创建及 GX Works3 软件操作界面
- ◆ 例解模块配置
- ◆ 例解程序的编辑和注释
- ◆ 例解程序下载、监控和调试

第 2 章 FX5U PLC 编程软件快速应用

2.1 三菱 PLC 编程软件概述

三菱 PLC 编程软件主要有 GX Developer、GX Works2 和 GX Works3。其中，GX Developer 是三菱公司 2005 年推出的一款 PLC 配套开发软件，它支持梯形图、指令表、SFC、ST 和 FBD 等编程语言，可进行程序开发、监控、仿真及调试等，适用于三菱 FX 系列和 Q 系列 PLC，并在三菱 PLC 普及中发挥了重大作用。

2011 年后，三菱公司又推出一款综合编程软件 GX Works2，与 GX Developer 编程软件相比，该软件功能和可操作性更强。该软件有简单工程和结构工程两种编程方式，支持梯形图、指令表、SFC、ST 和 FBD 等编程语言，同时集成了 GX Simulator2 程序仿真软件，适用于三菱 FX 系列和 Q 系列 PLC。

近年来，三菱公司又推出了一款比 GX Works2 更新的编程软件 GX Works3。该软件可兼容 GX Developer 和 GX Works2 编程软件，同时也支持三菱 FX5U、iQ-R 等新一代 PLC，其功能更强大。该软件涵盖了项目管理、程序编辑、参数设置、网络设定、文件传送、模拟仿真、程序监控及智能功能模块设置等功能。支持梯形图、结构文本等编程语言；具有标签功能，可实现 PLC 与 HMI、运动控制器的数据共享；此外，用户可建立 FB（功能块）库，可在部件选择窗口直接拖动 FB 到工作窗口中直接进行粘贴，大大提高了程序开发的效率。

2.2 工程创建及 GX Works3 软件操作界面

2.2.1 创建一个新工程

在 GX Works3 软件中创建一个新工程的操作步骤如下：

1）双击计算机桌面上的"　　"图标，或执行"开始"→"所有程序"→"MELSOFT"→"GX Works3"，打开 GX Works3 编程软件。

2）单击"　"图标或执行"工程"→"新建"，创建一个新工程。

3）在弹出的"新建"对话框中，设置相关选项，如图 2-1 所示。

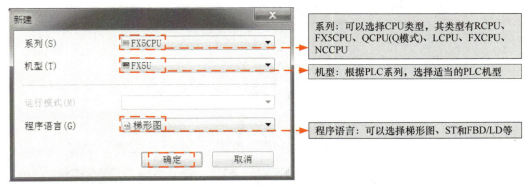

图 2-1 创建新工程相关选项设置

4）单击"确认"后，显示图 2-2 所示操作界面，即可开始编程。

2.2.2　GX Works3 软件操作界面

GX Works3 软件的操作界面，如图 2-2 所示。该操作界面主要由标题栏、菜单栏、工具栏、导航窗口、工作窗口、部件选择窗口和状态栏构成。

1）标题栏：用于显示项目名称和步数。

2）菜单栏：包括工程、编辑、搜索/替换、转换、视图等 11 个主菜单，每个主菜单都有相应的下拉菜单，用以调用编程工作中所需的各种命令。

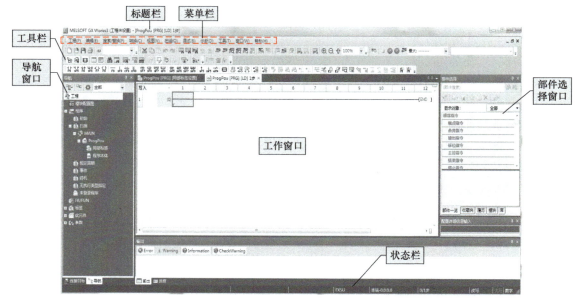

图 2-2　GX Works3 软件的操作界面

3）工具栏：包括标准、程序通用、折叠窗口、梯形图、监控状态、过程控制扩展 6 个工具栏，具体内容见表 2-1。其提供常用命令的快捷图标按钮，便于快速调用。

表 2-1　GX Works3 中的工具栏类型

名称	内容
标准工具栏	
程序通用工具栏	

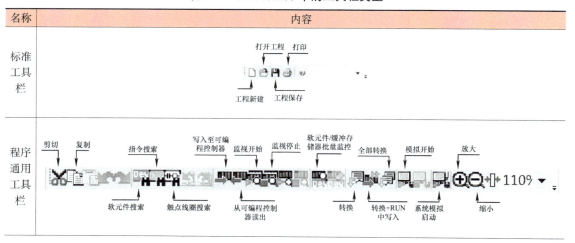

（续）

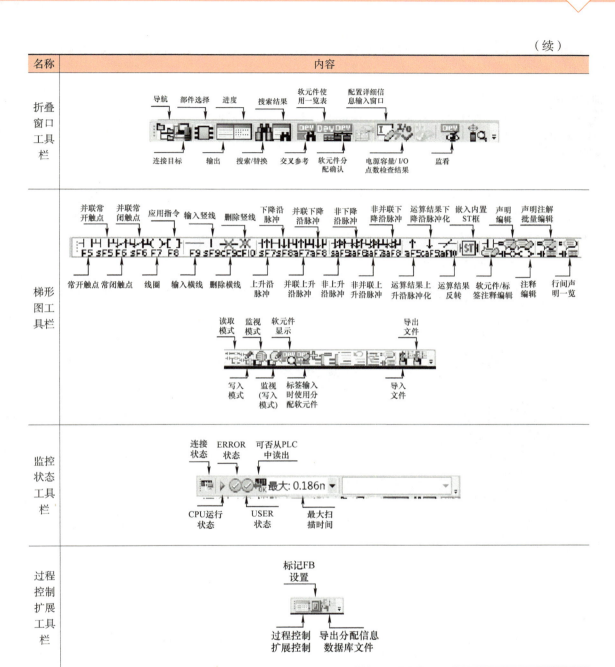

4）导航窗口：以树状结构形式显示工程内容的画面。通过树状结构可以进行新建工程模块、修改参数设定、设置标签和注释软元件等操作。

5）工作窗口：完成程序的编辑、修改和监控的区域。

6）部件选择窗口：包括部件一览表、收藏夹、履历、模块、库 5 个菜单。用户可以在部件选择窗口中直接将指令、部件、功能块和模块等拖拽到工作窗口进行编辑，这种操作方式简单便捷；此外，用户还可以自行创建 FB 库，大大提高了程序开发的效率。

7）状态栏：显示当前进度和其他相关信息。

2.3 例解模块配置

扫一扫，看视频

在 GX Works3 软件中的模块配置相当于西门子 PLC 软件中的硬件组态，通过模块配置可以生成一个与实际硬件系统完全相同的软件系统，并可以设置 CPU 模块及其他模块的相关参数。

2.3.1 模块配置图简介

双击"导航"窗口工程视图下的"模块配置图"选项，可进入"模块配置图"窗口，同时在该窗口右侧的"部件选择"窗口中，会显示与所选 CPU 模块配套的各类模块，用户可以根据实际需要选择相关的 I/O 模块、扩展电源模块、适配器和功能模块等。"模块配置图"窗口与"部件选择"窗口如图 2-3 所示。

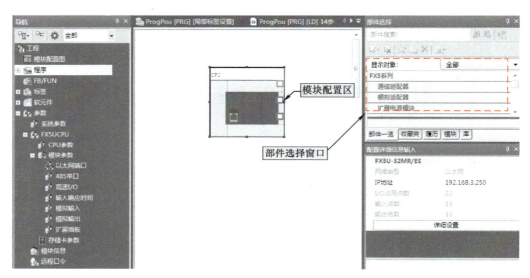

图 2-3 "模块配置图"窗口与"部件选择"窗口

2.3.2 CPU 型号的更改

在"模块配置图"窗口中，首先选中 CPU 模块，单击鼠标右键执行"CPU 型号更改"，如图 2-4 所示。执行完此操作后，会弹出"CPU 型号更改"窗口，如图 2-5 所示。该窗口会显示 CPU 更改前和更改后的型号，单击"更改后"后边的倒三角符号，可以选择所需要的 CPU 型号，单击"确认"后完成更改。本例"更改后"的型号选择为 FX5U-32MT/ES。

2.3.3 模块配置举例

1. 模块配置要求

某 FX5U PLC 控制系统硬件选择了 1 块 32 点 AC 电源 /DC24V（漏型 / 源型）输入 / 晶体管漏型输出 CPU 模块、1 块 8 点 DC24V（漏型 / 源型）数字量输入模块、1 块 4 通道（电压 / 电流）模拟量适配器和 1 块 8 点数字量继电器输出模块，请在 GX Works3 软件中做好对应的模块配置。

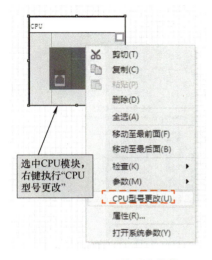

图 2-4 CPU 型号更改操作

图 2-5 "CPU 型号更改"窗口

2. 解析

在 GX Works3 软件中打开"模块配置图"窗口，按图 2-4 和图 2-5 所示步骤将 CPU 模块的型号改为 FX5U-32MT/ES，在"部件选择"窗口中找到 FX5-4AD-ADP 适配器（4 通道电压/电流模拟量适配器），拖拽放到 CPU 模块的左侧，如图 2-6 所示；在"部件选择"窗口中找到 FX5-8EX/ES 输入模块（8 点 DC24V 漏型/源型输入模块）拖拽放到 CPU 模块的右侧，如图 2-7 所示；与 8 点数字量输入模块配置方法一致，将 FX5-8EYR/ES 数字量输出模块拖拽放到 CPU 模块的右侧。本例模块配置的最终结果如图 2-8 所示。

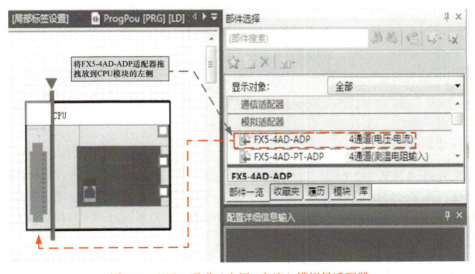

图 2-6 配置 4 通道（电压/电流）模拟量适配器

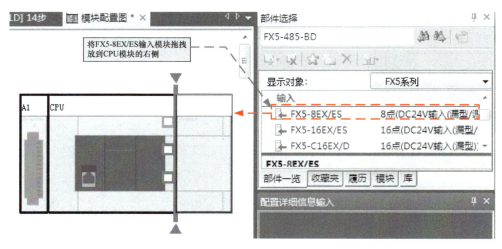

图 2-7 配置 FX5-8EX/ES 输入模块

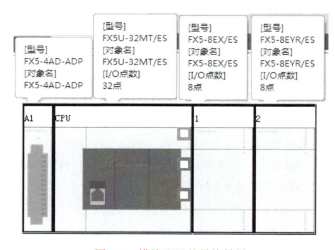

图 2-8 模块配置的最终结果

2.4 例解程序的编辑和注释

2.4.1 程序编辑

在 GX Works3 软件中，FX5U PLC 可以用梯形图、ST 语言和 FBD/LD 语言进行编程。考虑易理解性，通常采用梯形图进行编程。由于梯形图编程支持语言的混合使用，可以在梯形图语言编程时，采用插入内嵌 ST 框的方式使用 ST 编程语言；也可通过程序部件插入方式，创建和使用 FB 功能块。

要编写梯形图程序时，首先要将编辑模式设置为写入模式。当梯形图内的光标为蓝边空心框（即显示 ）时为写入模式，这时就可以进行梯形图输入了；当光标为蓝边实心框（即显示 ）时为读取模式，此时只能进行读出和查找等操作。

第 2 章　FX5U PLC 编程软件快速应用

编辑模式可以通过梯形图工具栏中的写入模式按钮和读取模式按钮进行切换，也可在菜单栏中执行"编辑"→"梯形图编辑模式"命令，找到写入模式和读取模式进行切换。

1. 直接用梯形图工具栏输入

下面以输入常开触点 X1 为例进行说明。在写入模式下，在工作窗口将光标定位到程序将要输入的位置，单击梯形图工具栏中的"F5"按钮，弹出"梯形图输入"对话框，输入 X1，单击"确定"按钮，常开触点 X1 会出现在相应位置，如图 2-9 所示。由于尚未进行转换操作，此时常开触点显示为灰色。

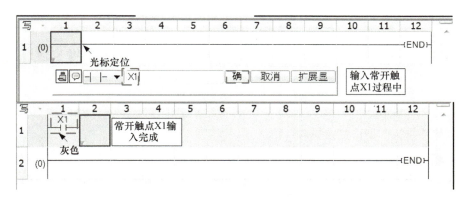

图 2-9　用梯形图工具栏输入常开触点

2. 用键盘上的快捷键输入

用键盘上的快捷键输入程序，是比较快的输入方式。使用此方式输入程序需熟练掌握快捷键与软元件的对应关系，如图 2-10 所示。例如，当要输入常开触点 X1 时，可按下键盘上的 F5 键，在弹出的"梯形图输入"对话框中，输入 X1，单击"确定"按钮，常开触点 X1 即即现在相应位置，输出结果与图 2-9 一致。

扫一扫，看视频

```
梯形图
 ┤├ ┤↑├ ┤↓├ ┤/├ ( ) [ ]        │   ─ ─X─ ─X─  ┤┤├┤┤├┤┤├┤┤├  ┤┤├┤┤├┤┤├┤┤├ ↑ ↓ ─X─
 F5 sF5 F6 sF6 F7 F8          F9 sF9cF9cF10 sF7sF8aF7aF8  saF2aF2aF7aF8 aF5caF5aF10
```

1) 单键：
　　F5 代表常开触点，F6 代表常闭触点，F7 代表线圈，F8 代表应用指令。
2) 组合键：
　　Shift+单键：Shift+F5 代表常开触点并联，Shift+F6 代表常闭触点并联。
　　Ctrl+单键：Ctrl+F9 代表横线删除。
　　Alt+单键：Alt+F7 代表上升沿脉冲并联。Ctrl+Alt+单键：Ctrl+Alt+F10 代表运算结果取反。
　　有些对应关系没有给出，读者可根据上述所讲自行推理。

图 2-10　快捷键与软元件的对应关系

3. 直接双击输入

下面以输入线圈 Y1 为例进行说明。在写入模式下，在工作窗口中将光标定位到程序将要输入的位置，然后双击鼠标左键，弹出"梯形图输入"对话框，在①处单击倒三角，选择线圈，在②处输入 Y1，单击"确定"按钮，线圈 Y1 会出现在相应位置，如图 2-11 所示。

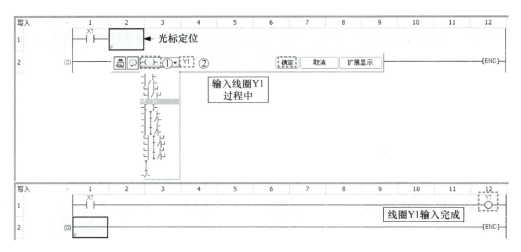

图 2-11　直接双击输入线圈

4. 用"部件选择"窗口拖拽输入

下面以输入定时器 ─[OUT　T1　K50]─ 为例进行说明。在写入模式下，在工作窗口将光标定位到程序将要输入的位置，在"部件选择"窗口的"输出指令"中找到"定时器/累计定时器输出"，选中并将其拖拽到①处之后会弹出"梯形图输入"对话框，在②处输入 OUT T1 K50，单击"确定"按钮，定时器会出现在相应位置，如图 2-12 所示。

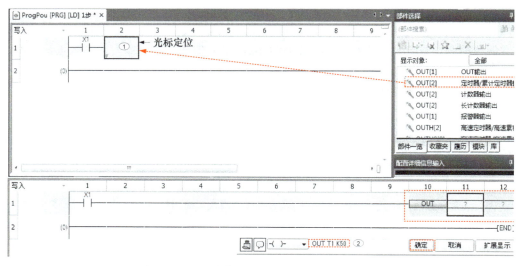

图 2-12　用"部件选择"窗口拖拽输入定时器

5. 连线输入与删除

连线输入和删除有两种方法，具体如下：

（1）用梯形图工具栏输入和删除

在梯形图工具栏中，F9 是输入水平线功能键，sF9 是输入垂直线功能键，cF9 是删除水平线功能键，sF10 是删除垂直线功能键。

（2）用键盘的快捷键输入和删除

按下键盘上的 F9 键可以输入水平线，按下键盘上的 Shift+F9 可以输入垂直线；按下键盘上的 Ctrl+F9 可以删除水平线，按下键盘上的 Ctrl+F10 可以删除垂直线。

除上述方法外，根据笔者经验，用键盘上的 Ctrl+ 单箭头按键，也可以进行连线输入和删除，这点和西门子 PLC 程序输入一致。Ctrl+↓ 可以输入方向向下的垂直线，Ctrl+↑ 可以输入方向向上的垂直线，Ctrl+→ 可以输入水平线。

需要指出的是，如果垂直线已经存在，光标定位在垂直线的右下方，再按 Ctrl+↑ 可以删除垂直线，具体如图 2-13a 所示；如果水平线已经存在，光标定位在水平线的右侧，再按 Ctrl+← 可以删除水平线，具体如图 2-13b 所示。

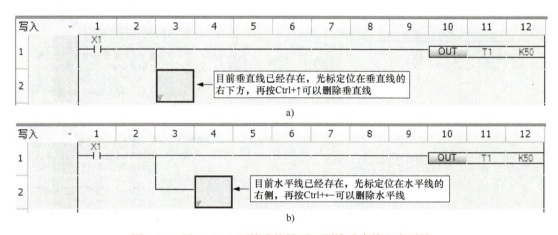

图 2-13　用 Ctrl+ 上下箭头按键可以删除垂直线和水平线

6. 程序输入举例

将图 2-14 所示梯形图程序输入到 GX Works3 软件中，基本步骤和最后结果，如图 2-15 所示。

图 2-14　程序输入举例

7. 程序转换

程序输入完成后，程序转换是必不可少的，否则程序不能下载。当程序没有经过变换时，工作窗口输入完的程序为灰色，经过变换后，工作窗口输入完的程序为白色。

程序转换常用方法有 3 种，具体如下：

1）按下键盘上的 F4 键。

2）执行菜单中的"转换"→"转换"。

3）单击梯形图工具栏中的 █ 键。

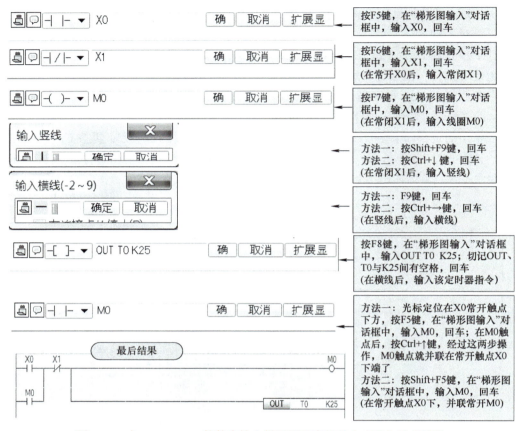

图 2-15 在 GX Works3 软件中输入梯形图程序的基本步骤和最后结果

8. 程序检查

在程序下载前，应进行程序检查，以防止程序出错。

程序检查方法：执行"工具"→"程序检查"之后，在弹出的"程序检查"对话框（见图 2-16）中，单击"执行"按钮，开始执行程序检查。若无错误，会弹出"程序检查已完成无错误"对话框，单击"确定"，程序检查完成，再单击"执行"旁边的"关闭"按钮，关闭上级对话框。

图 2-16 "程序检查"对话框

9. 软元件搜索与替换

（1）软元件搜索

若一个程序比较长，人工查找一个软元件比较困难，使用软件的搜索软元件比较方便。

软元件搜索方法（见图 2-17）：执行"搜索/替换"（①处）→"软元件/标签搜索"（②处）之后，弹出"搜索与替换"对话框，在方框（③处）中输入要查找的软元件，单击"搜索下一个"按钮，此时即可看到，光标移到要查找的软元件上，本例查找的是 X1。

第 2 章 FX5U PLC 编程软件快速应用

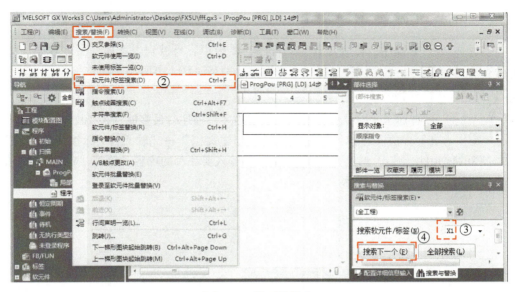

图 2-17 软元件搜索

（2）软元件替换

使用 GX Works3 软件的替换软元件比较方便，且不易出错。

软元件替换方法（见图 2-18）：执行"搜索/替换"（①处）→"软元件/标签替换"（②处）之后，弹出"搜索与替换"对话框，在"搜索软元件/标签"（③处）方框中输入要被替换的软元件，在"替换软元件/标签"（④处）方框中输入新软元件，如果要把所有的旧元件换成新元件，则单击"全部替换"。本例"搜索软元件/标签"为 X1，"替换软元件/标签"为 X2。

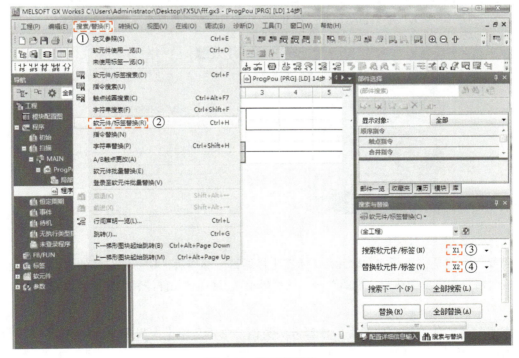

图 2-18 软元件替换

2.4.2 程序注释

扫一扫，看视频

一个程序，特别是较长的程序，要想很容易被别人看懂，做好程序注释是非常必要的。程序注释包括3个方面，分别是注释、声明与注解。

1. 注释

注释通常是对软元件的功能进行描述，描述时最多能输入1024个字符。

1）方法一：执行"编辑"→"创建文档"→"软元件/标签注释编辑"后，双击要注释的软元件，弹出"注释输入"对话框，输入要注释的内容，单击"确定"。例如，注释X0为"起动"，如图2-19所示。

图2-19 软元件注释方法一

2）方法二：在导航窗口中，单击"软元件"文件夹（①处），将其展开，再单击"软元件注释"文件夹，也将其展开，双击"通用软元件注释"（②处），打开注释列表，单击"详细条件"（③处），将其展开，选择"使用软元件"（④处），将使用的软元件注释即可（⑤处）。例如，分别注释X0和X1为"起动"和"停止"，如图2-20所示。

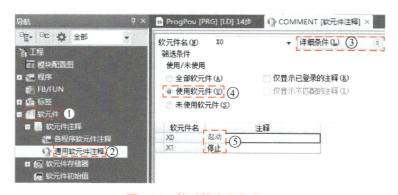

图2-20 软元件注释方法二

需要指出的是，执行完"软元件/标签注释编辑"操作后，软元件注释的内容有可能不显示，这时需要在菜单中执行"视图"→"注释显示"，这样软元件注释就会显示出来了。

2. 声明与注解

声明与注解的方法与软元件的注释方法类似，主要是用于大程序的注释说明。具体方法为：执行"编辑"→"创建文档"→"声明/注解批量编辑"后，会弹出"声明/注解批量编辑"

对话框，输入每一程序段的说明，如图 2-21 所示，单击"确定"，最终结果如图 2-22 所示。

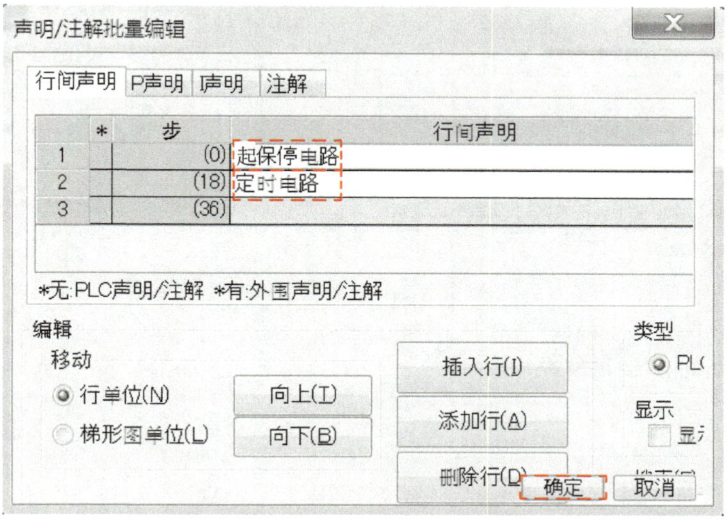

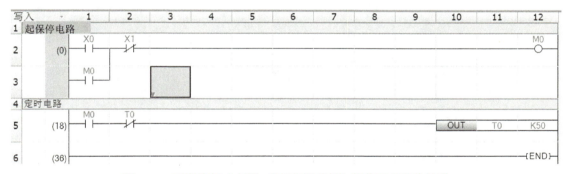

图 2-21 "声明 / 注解批量编辑"对话框

图 2-22 程序执行"声明 / 注解批量编辑"操作后的最终结果

需要指出的是，执行完"声明 / 注解批量编辑"操作后，声明的内容有可能不显示，这时需要在菜单中执行"视图"→"声明显示"，这样声明就会显示出来了。

2.5 例解程序下载、监控和调试

下载程序前，应先用以太网线将装有 GX Works3 编程软件的计算机与 FX5U PLC 连接。

扫一扫，看视频

1. 连接目标设置

在正常完成电路和通信连接并将 PLC 上电后，在 GX Works3 软件中执行"在线"→"当前连接目标"操作，会弹出"连接目标选择"对话框，如图 2-23 所示。单击"直接连接 CPU"按钮，会弹出"以太网直接连接设置"对话框，如图 2-24 所示，由于之前选择了"直接连接 CPU"模式，因此适配器和 IP 地址可不用指定，单击"通信测试"按钮，如果出现"已成功与 FX5U CPU 连接"提示框，单击"确定"后就会退出设置。

39

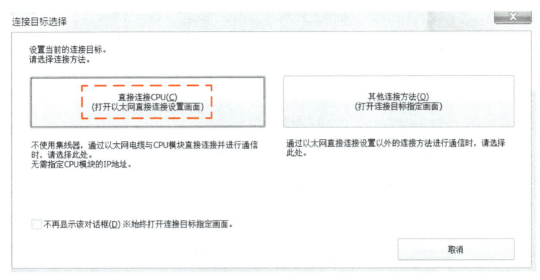

图 2-23 "连接目标选择"对话框

图 2-24 "以太网直接连接设置"对话框

2. 程序下载

编译好的程序可以下载到 PLC 中,下载时执行"在线"→"写入至可编程控制器"操作后,会弹出"在线数据操作"窗口,这时可以单独勾选参数、标签和程序等,也可单击"参数+程序"按钮或单击"全选"按钮,本例单击"全选"按钮,如图 2-25 所示。之后单击"执行"按钮,会弹出"写入至可编程控制器"窗口,提示下载完成,如图 2-26 所示。然后单击"写入至可编程控制器"窗口和"在线数据操作"窗口的"关闭"按钮，将上述两个窗口关闭。

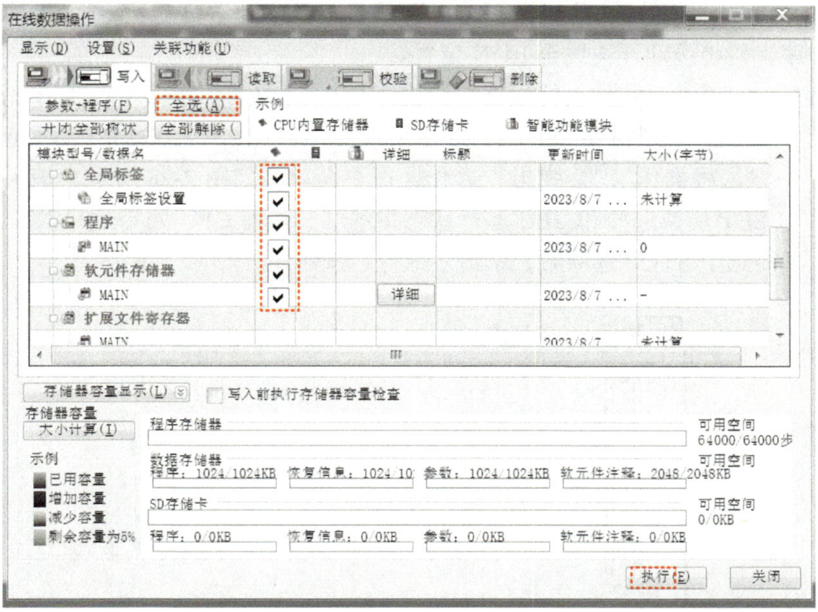

图 2-25 "在线数据操作"窗口

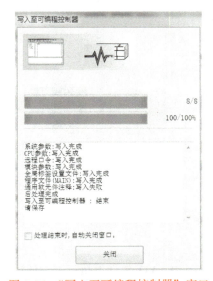

图 2-26 "写入至可编程控制器"窗口

3. 程序监控与调试

程序下载完成后，通过 GX Works3 软件的监视和监看功能，可以实时监视 PLC 程序的执行情况。如果程序存在不合理之处，需要加以修改和优化，才能满足控制要求。

（1）运行程序

在监控程序之前，需事先运行程序。运行程序有两种方式，具体如下：

1）可通过 RUN/STOP/RESET 拨动开关改变 CPU 模块的动作状态。三菱 FX5U PLC 本体左盖板下有 RUN/STOP/RESET 拨动开关，如图 2-27 所示。将该拨动开关拨至 RUN 位置可执行程序；拨至 STOP 位置可停止程序；将拨动开关拨至 RESET 位置保持 1s 以上，ERR LED（即 ERR●）多次闪烁，再将拨打开关拨回 STOP 位置，经上述操作可复位 CPU 模块的动作状态。本例是运行程序，需将拨动开关拨至 RUN 位置。

2）可通过 GX Works3 软件上的远程操作改变 CPU 模块的动作状态。使用远程操作前，需将 FX5U PLC 上的 RUN/STOP/RESET 拨动开关拨至 RUN 位置。之后在 GX Works3 软件上执行"在线"→"远程操作"，会弹出"远程操作"窗口，如图 2-28 所示。该窗口上有 RUN/STOP/PAUSE/RESET 切换选项和 CPU 运行状态指示灯。目前 CPU 处于运行状态，若想将其改为停止状态，则需选中 STOP 选项后，单击"执行"按钮即可。

图 2-27　RUN/STOP/RESET 拨动开关

图 2-28　"远程操作"窗口

（2）程序监视

在 PLC 运行的情况下，在 GX Works3 软件上执行"在线"→"监视"→"监视开始"，即可进入监控状态，如图 2-29 所示。在监控状态下，所有的闭合触点和得电线圈均显示为蓝色，并可以看到能使条件满足的定时器等元件的当前值实时变化。执行"在线"→"监视"→"监视停止"，监控停止。

（3）软元件测试

软元件测试可以强制执行位元件的 ON/OFF。

选中软元件，单击鼠标右键执行"调试"→"当前值更改"，如图 2-30 所示。本例选中位元件 X0，右键执行"调试"→"当前值更改"，位元件 X0 置 1，M0 线圈得电并自锁，T0 当前值逐渐增大直到到达预置值；选中位元件 X1，右键执行"调试"→"当前值更改"，位元件 X1

复位，M0 线圈失电，并且自锁断开，T0 当前值也清零。

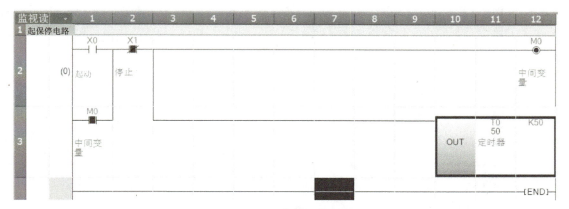

图 2-29　程序的监控状态

图 2-30　软元件测试

（4）监看功能

用监看功能改变位元件的 ON/OFF 状态、监控软元件的数据变化以及改变软元件的当前值都非常方便，尤其在学习应用指令时，推荐读者使用此功能。

在 GX Works3 软件上有 4 个监看窗口，程序在监控状态下，执行"在线"→"监看"→"登录至监看窗口"→"监看窗口 1"操作，在软件的下方会打开"监看窗口 1"。在该窗口中，可以录入需要改变状态的位元件、需要监控数据的软元件和需要改变当前值的软元件，录入后会显示它们的当前值、数据类型和显示格式，如图 2-31 所示。选中位元件后，通过 ON 和 OFF 可以改变位元件的状态；对于软元件来说，可以双击数据类型和显示格式，改变它们的数据类型和显示格式。本例中需要改变状态的位元件为 X0 和 X1；需要监控的位元件和软元件当前值分别为 M0 和 T0；需要改变当前值的软元件为 D1，将 D1 赋值 20。

4. 程序的模拟调试

程序的模拟功能是利用计算机上的虚拟 PLC 对程序进行调试的功能。GX Works3 软件附带一个 GX Simulator3 仿真软件包，在不连接实际 PLC 的情况下，也可以通过仿真调试程序。

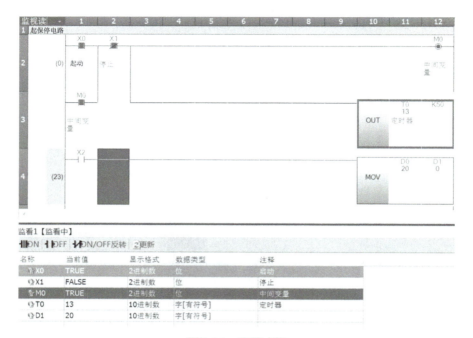

图 2-31　监看功能

下面将介绍下 GX Simulator3 仿真软件的使用，具体如下：

1）启动仿真软件。程序编辑完成后，单击程序通用工具栏中的模拟开始按钮，或者执行"调试"→"模拟"→"模拟开始"操作，都可启动仿真软件。

2）程序的模拟运行。仿真软件启动后，会弹出"在线数据操作"窗口（与图 2-25 一致），用户按程序下载的步骤，将程序下载到虚拟 PLC 上即可。下载完成后，GX Simulator3 仿真窗口（见图 2-32）中的运行指示灯（即 P.RUN）会点亮，程序进入模拟运行状态。此时程序处于监控模式下，也可进入程序监看模式，程序调试方法与实际的 PLC 一致。

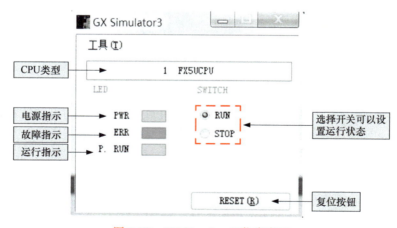

图 2-32　GX Simulator3 仿真窗口

3）退出仿真软件。单击程序通用工具栏中的模拟停止按钮，或者执行"调试"→"模拟"→"模拟停止"操作，都可退出仿真软件。

第 3 章

FX5U PLC 基本指令及案例

本章要点

- ◆ 位逻辑指令及案例
- ◆ 梯形图程序的编写规则及优化
- ◆ 定时器指令及案例
- ◆ 计数器指令及案例
- ◆ PLC 编程中的经典小程序

基本指令是 PLC 中最基本、使用频率最高的指令。基本指令一般包括位逻辑指令、定时器指令和计数器指令，如图 3-1 所示。这些指令多用于开关量的逻辑控制。

图 3-1　基本指令组成

3.1　位逻辑指令及案例

位逻辑指令主要指对 PLC 存储器中的某一位进行操作的指令，它的操作数是位。位逻辑指令包括触点指令和线圈指令两大类，常见的触点指令有触点取用指令、触点串并联指令、电路块串并联指令等；常见的线圈指令有线圈输出指令、置位复位指令等。位逻辑指令的组成如图 3-2 所示。

扫一扫，看视频

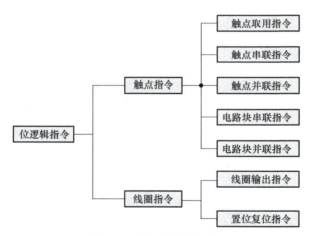

图 3-2　位逻辑指令组成

位逻辑指令是依靠 1、0 两个数进行工作的，1 表示触点或线圈的通电状态，0 表示触点或线圈的断电状态。利用位逻辑指令可以实现位逻辑运算和控制，在继电器系统的控制中应用较多。

3.1.1　触点取用指令与线圈输出指令

1. 指令格式及功能说明

触点取用指令与线圈输出指令的指令格式及功能说明见表 3-1。

2. 应用举例

触点取用指令与线圈输出指令应用举例如图 3-3 所示。

表 3-1 触点取用指令与线圈输出指令的指令格式及功能说明

指令名称	梯形图表达方式	功能	操作元件
常开触点的取用指令（LD）	─┤ ├─ <位地址>	用于逻辑运算的开始，表示常开触点与左母线相连	位元件：X、Y、M、L、SM、F、B、SB、S、T、ST、C；字元件的位指定：D、W、SD、SW、R
常闭触点的取用指令（LDI）	─┤/├─ <位地址>	用于逻辑运算的开始，表示常闭触点与左母线相连	位元件：X、Y、M、L、SM、F、B、SB、S、T、ST、C；字元件的位指定：D、W、SD、SW、R
线圈输出指令（OUT）	─○─ <位地址>	用于线圈的驱动	位元件：Y、M、S

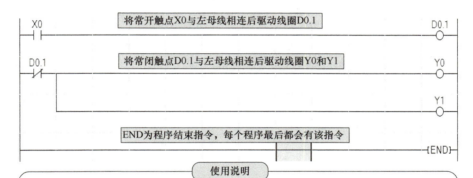

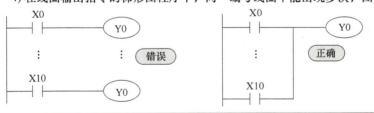

图 3-3 触点取用指令与线圈输出指令应用举例

3.1.2 触点串联指令

1. 指令格式及功能说明

触点串联指令的指令格式及功能说明见表 3-2。

2. 应用举例

触点串联指令应用举例如图 3-4 所示。

表 3-2 触点串联指令的指令格式及功能说明

指令名称	梯形图表达方式	功能	操作元件
常开触点串联指令（AND）	⊣ ⊢⊣ ⊢〇 <位地址>	用于单个常开触点的串联	位元件：X、Y、M、L、SM、F、B、SB、S、T、ST、C；字元件的位指定：D、W、SD、SW、R
常闭触点串联指令（ANI）	⊣ ⊢⊣/⊢〇 <位地址>	用于单个常闭触点的串联	位元件：X、Y、M、L、SM、F、B、SB、S、T、ST、C；字元件的位指定：D、W、SD、SW、R

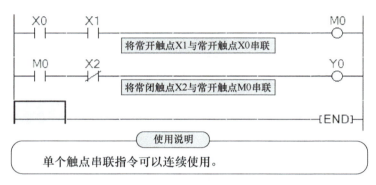

图 3-4 触点串联指令应用举例

3.1.3 触点并联指令

1. 指令格式及功能说明

触点并联指令的指令格式及功能说明见表 3-3。

表 3-3 触点并联指令的指令格式及功能说明

指令名称	梯形图表达方式	功能	操作元件
常开触点并联指令（OR）	<位地址>	用于单个常开触点的并联	位元件：X、Y、M、L、SM、F、B、SB、S、T、ST、C；字元件的位指定：D、W、SD、SW、R
常闭触点并联指令（ORI）	<位地址>	用于单个常闭触点的并联	位元件：X、Y、M、L、SM、F、B、SB、S、T、ST、C；字元件的位指定：D、W、SD、SW、R

2. 应用举例

触点并联指令应用举例如图 3-5 所示。

3.1.4 电路块串联指令

1. 指令格式及功能说明

电路块串联指令的指令格式及功能说明见表 3-4。

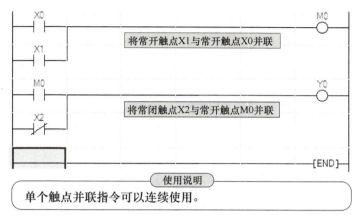

图 3-5　触点并联指令应用举例

表 3-4　电路块串联指令的指令格式及功能说明

指令名称	梯形图表达方式	功能	操作元件
电路块串联指令（ANB）		用来描述并联电路块的串联关系 注：两个以上触点并联形成的电路叫并联电路块	无

2. 应用举例

电路块串联指令应用举例如图 3-6 所示。

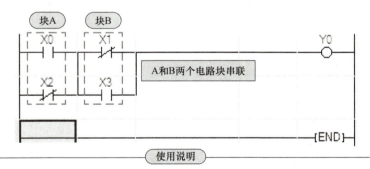

图 3-6　电路块串联指令应用举例

3.1.5　电路块并联指令

1. 指令格式及功能说明

电路块并联指令的指令格式及功能说明见表 3-5。

2. 应用举例

电路块并联指令应用举例如图 3-7 所示。

表 3-5 电路块并联指令的指令格式及功能说明

指令名称	梯形图表达方式	功能	操作元件
电路块并联指令（ORB）		用来描述串联电路块的并联关系 注：两个以上触点串联形成的电路叫串联电路块	无

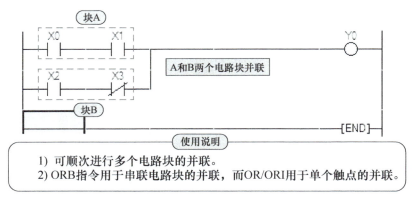

图 3-7 电路块并联指令应用举例

使用说明：
1) 可顺次进行多个电路块的并联。
2) ORB指令用于串联电路块的并联，而OR/ORI用于单个触点的并联。

3.1.6 脉冲检测指令

脉冲检测指令是利用边沿触发信号产生一个宽度为一个扫描周期的脉冲，用以驱动输出线圈。

1. 指令格式及功能说明

脉冲检测指令的指令格式及功能说明见表 3-6。

表 3-6 脉冲检测指令的指令格式及功能说明

指令名称	梯形图表达方式	功能	操作元件
脉冲上升沿触点取指令（LDP）	<位地址>	用于脉冲上升沿触点与左母线相连	位元件：X、Y、M、L、SM、F、B、SB、S、T、ST、C；字元件的位指定：D、W、SD、SW、R
脉冲上升沿触点与指令（ANDP）	<位地址>	用于脉冲上升沿触点与上一个触点串联	位元件：X、Y、M、L、SM、F、B、SB、S、T、ST、C；字元件的位指定：D、W、SD、SW、R
脉冲上升沿触点或指令（ORP）	<位地址>	用于脉冲上升沿触点与上一个触点并联	位元件：X、Y、M、L、SM、F、B、SB、S、T、ST、C；字元件的位指定：D、W、SD、SW、R
脉冲下降沿触点取指令（LDF）	<位地址>	用于脉冲下降沿触点与左母线相连	位元件：X、Y、M、L、SM、F、B、SB、S、T、ST、C；字元件的位指定：D、W、SD、SW、R

（续）

指令名称	梯形图表达方式	功能	操作元件
脉冲下降沿触点与指令（ANDF）	<位地址>	用于脉冲下降沿触点与上一个触点串联	位元件：X、Y、M、L、SM、F、B、SB、S、T、ST、C；字元件的位指定：D、W、SD、SW、R
脉冲下降沿触点或指令（ORF）	<位地址>	用于脉冲下降沿触点与上一个触点并联	位元件：X、Y、M、L、SM、F、B、SB、S、T、ST、C；字元件的位指定：D、W、SD、SW、R

2. 应用举例

脉冲检测指令应用举例如图 3-8 所示。

> **编者有料**
> 脉冲边沿触点和普通触点一样，可以直接驱动线圈，可以串联，也可以并联。

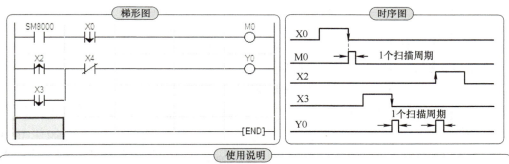

> **使用说明**
> 1) 脉冲上升沿指令用来检测上升沿触点由OFF→ON的状态变化，当上升沿到来时，其操作对象接通一个扫描周期。
> 2) 脉冲下降沿指令用来检测下降沿触点由ON→OFF的状态变化，当下降沿到来时，其操作对象接通一个扫描周期。

图 3-8 脉冲检测指令应用举例

3.1.7 置位与复位指令

1. 指令格式及功能说明

置位与复位指令的指令格式及功能说明见表 3-7。

表 3-7 置位与复位指令的指令格式及功能说明

指令名称	梯形图表达方式	功能	操作元件
置位指令	─┤├─[SET (d)]	对操作元件进行置1，并保持其动作	位元件：Y、M、L、SM、F、B、SB、S；字元件的位指定：D、W、SD、SW、R
复位指令	─┤├─[RST (d)]	对操作元件进行清0，并取消其动作保持	位元件：Y、M、L、SM、F、B、SB、S、T、ST、C；字元件的位指定：D、W、SD、SW、R

2. 应用举例

置位与复位指令应用举例如图 3-9 所示。

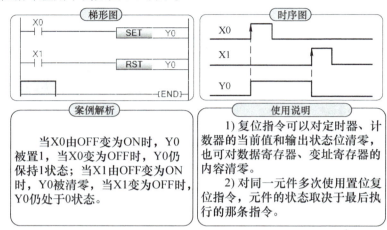

图 3-9　置位与复位指令应用举例

3.1.8　脉冲输出指令

1. 指令格式及功能说明

脉冲输出指令的指令格式及功能说明见表 3-8。

表 3-8　脉冲输出指令的指令格式及功能说明

指令名称	梯形图表达方式	功能	操作元件
上升沿脉冲输出指令（PLS）	─┤├─[PLS Y、M]	当检测到输入信号上升沿时，操作元件会有一个扫描周期的脉冲输出	位元件：Y、M、L、SM、F、B、SB、S；字元件的位指定：D、W、SD、SW、R
下降沿脉冲输出指令（PLF）	─┤├─[PLF Y、M]	当检测到输入信号下降沿时，操作元件会有一个扫描周期的脉冲输出	位元件：Y、M、L、SM、F、B、SB、S；字元件的位指定：D、W、SD、SW、R

2. 应用举例

脉冲输出指令应用举例如图 3-10 所示。

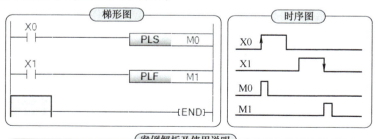

图 3-10　脉冲输出指令应用举例

3.1.9 取反指令

1. 指令格式及功能说明

取反指令的指令格式及功能说明见表 3-9。

表 3-9 取反指令的指令格式及功能说明

指令名称	梯形图表达方式	功能	操作元件
取反指令（INV）	─┤├─┤/├─○	将该指令以前的运算结果取反	无

2. 应用举例

取反指令应用举例如图 3-11 所示。

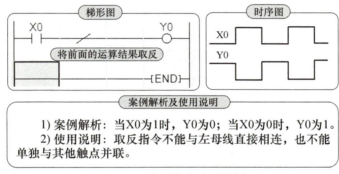

图 3-11 取反指令应用举例

3.1.10 程序结束指令

1. 指令格式及功能说明

程序结束指令的指令格式及功能说明见表 3-10。

表 3-10 程序结束指令的指令格式及功能说明

指令名称	梯形图表达方式	功能	操作元件
程序结束指令（END）	─[END]	用于程序的结束或调试	无

2. 使用说明

程序结束指令使用说明如图 3-12 所示。

> 使用说明
> 1）当系统运行到程序结束指令时，程序结束指令后面的程序不会被执行，系统会从程序结束指令处自动返回，开始下一个扫描周期。
> 2）系统只执行第一条到END之间的程序，这样可以缩短扫描周期，因此在程序调试时，可以将END指令插入各程序段之间，对程序分段调试。需要指出的是，调试完毕后务必将各程序段之间的END指令删除。

图 3-12 程序结束指令使用说明

3.1.11 堆栈指令

堆栈是一组能够存储和取出数据的存储单元。在 FX 系列 PLC 中，堆栈有 11 层，顶层叫栈顶，底层叫栈底。堆栈采用"先进后出"的数据存取方式。堆栈结构如图 3-13 所示。

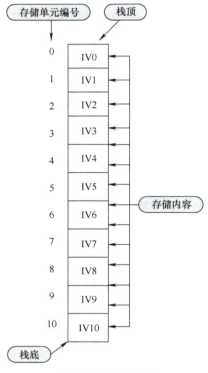

图 3-13 堆栈结构

堆栈指令主要用于完成对触点的复杂连接，通常堆栈指令可分为入栈指令、读栈指令和出栈指令。

1. 指令格式及功能说明

堆栈指令的指令格式及功能说明见表 3-11。

表 3-11 堆栈指令格式及功能说明

指令名称	梯形图表达方式		功能	操作元件
堆栈指令	（MPS）（MRD）（MPP）	入栈指令（MPS）	将触点运算结果存入栈顶，同时让堆栈原有数据顺序下移一层	无
		读栈指令（MRD）	仅读出栈顶数据，堆栈中其他层数据不变	
		出栈指令（MPP）	将栈顶的数据取出，同时让堆栈每层数据顺序上移一层	

2. 应用举例

堆栈指令应用举例如图 3-14 所示。

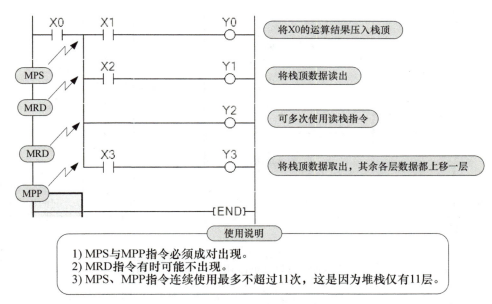

图 3-14 堆栈指令应用举例

3.1.12 主控指令和主控复位指令

在编程时，常常会遇到多个线圈受一个或多个触点控制，如果在每个线圈的控制电路中都串联相同触点，将会占用多个存储单元，主控指令可以解决此问题。

1. 指令格式及功能说明

主控指令和主控复位指令格式及功能说明见表 3-12。

表 3-12 主控指令和主控复位指令格式及功能说明

指令名称	梯形图表达方式	功能	操作元件
主控指令	─┤├─[MC N 操作元件]	主控区的开始	位元件：Y、M、L、SM、F、B、SB、S、T、ST、C；字元件的位指定：D、W、SD、SW、R
主控复位指令	─[MCR N] 嵌套层数 N 范围：N0～N14	主控区结束	

2. 应用举例

主控指令和主控复位指令应用举例如图 3-15 所示。

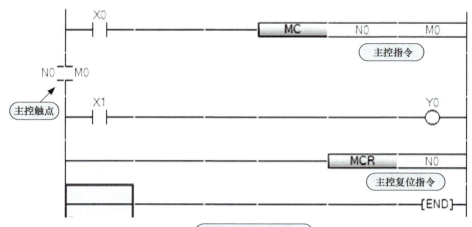

图 3-15 主控指令和主控复位指令应用举例

3.2 梯形图程序的编写规则及优化

3.2.1 梯形图程序的编写规则

1）梯形图程序按行从上到下编写，且每行中从左到右编写，编写顺序与程序的扫描顺序一致。

2）在一行中，梯形图程序都起于左母线，经触点，终止于线圈/功能框或右母线，如图 3-16 所示。

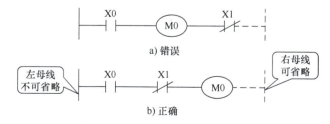

图 3-16 母线、触点和线圈的排布

3）线圈不能与左母线直接相连。可借助未用过元件的常闭触点或特殊辅助继电器 SM8000 或 SM400 的常开触点，使左母线与线圈隔开，如图 3-17 所示。

4）同一编号的线圈在同一程序中不能使用两次，否则会出现双线圈问题。双线圈问题即同一编号的线圈在同一程序中使用两次或多次。双线圈输出很容易引起误动作，应尽量避免，如图 3-18 所示。

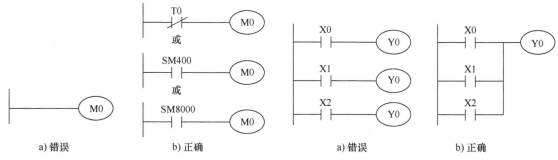

图 3-17　线圈与左母线相连的处理　　　　图 3-18　双线圈的处理

5）不同编号的线圈可以并联输出，如图 3-19 所示。

6）触点应水平放置，不能垂直放置，主控触点除外，如图 3-20 所示。

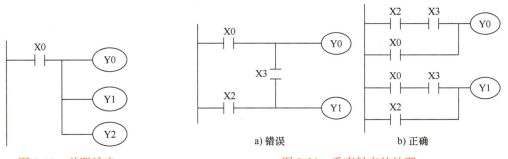

图 3-19　并联输出　　　　图 3-20　垂直触点的处理

3.2.2　梯形图程序的编写技巧

梯形图程序的编写技巧有

1）写输入时要左重右轻，上重下轻，如图 3-21 所示。

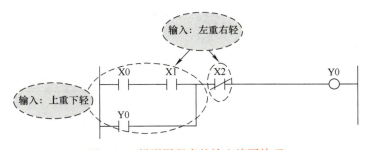

图 3-21　梯形图程序的输入编写技巧

2）写输出时要上轻下重，如图 3-22 所示。

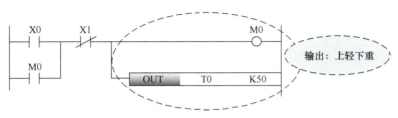

图 3-22　梯形图程序的输出编写技巧

3.2.3　梯形图程序的优化

众所周知，PLC 中的梯形图语言是在继电器控制电路的基础上演绎出来的，但是两者的设计原则和规律并不完全相同。尤其是在继电器控制系统的改造问题上，若将一些复杂的继电器控制电路直接翻译成梯形图，可能会出现程序不执行或执行困难等诸多问题，本书将对一些典型的梯形图程序优化问题进行讨论。

1. 桥型电路问题的优化

（1）桥型电路存在的问题

在继电器控制电路中，为了节省触点，常常需要对电路进行桥型连接。若将桥型电路直接翻译成梯形图，这就违反了"触点不能垂直放置"的原则，如图 3-23 所示。

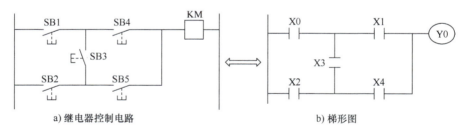

图 3-23　桥型电路的问题

（2）解决方案

1）在图 3-23b 中，找出使 Y0 能吸合的所有路径：
① X0 → X1 → Y0；② X0 → X3 → X4 → Y0；
③ X2 → X3 → X1 → Y0；④ X2 → X4 → Y0。

2）将各个路径的梯形图并联，如图 3-24 所示。

2. 堆栈问题的优化

（1）堆栈存在的问题

在继电器控制电路中，经常采用并联输出的模式。若将继电器控制电路直接翻译成梯形图，存在着两方面的问题：①占用的程序存储器容量较大；②当

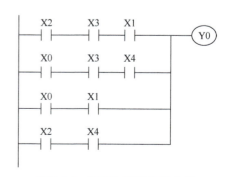

图 3-24　桥型电路的解决方案

梯形图转化为指令表时，可读性不高，如图3-25所示。

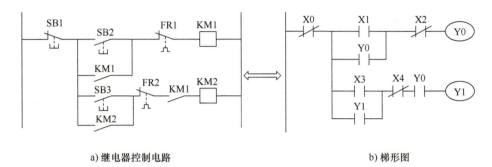

a) 继电器控制电路　　　　　　　b) 梯形图

图3-25　逻辑堆栈问题

（2）解决方案

如图3-26所示，将公共触点分配到各个支路。

3. 复杂电路问题的优化

（1）复杂电路存在的问题

在一些复杂的梯形图中，逻辑关系不是很明显，程序可读性不高，如图3-27a所示。

（2）解决方案

与解决桥型电路的问题一样：①找出使Y0吸合的所有路径；②将各个路径的梯形图并联，如图3-27b所示。

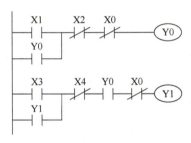

图3-26　堆栈问题的解决方案

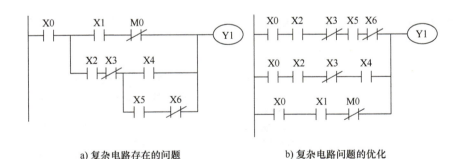

a) 复杂电路存在的问题　　　　　　b) 复杂电路问题的优化

图3-27　复杂电路的问题及优化

4. 中间单元和主控指令、主控复位指令的巧用

在梯形图中，若多个线圈受一个或多个触点控制，为了简化电路，可以设置中间单元，也可以采用主控和主控复位指令，如图3-28所示。设置中间单元或采用主控和主控复位指令，既可化简程序，又可在逻辑运算条件改变时，只需修改控制条件，即可实现对整个程序的修改，这为程序的修改和调试提供了很大的方便。

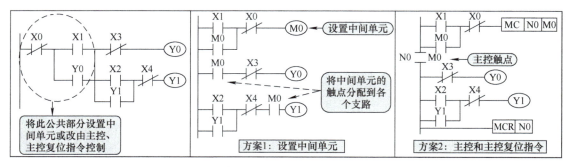

图 3-28　中间单元和主控指令、主控复位指令的巧用

3.3　定时器指令及案例

3.3.1　定时器指令简介

扫一扫，看视频

定时器是 PLC 中最常用的编程元件之一，其功能与继电器控制系统中的时间继电器相同，起到延时作用。与时间继电器不同的是，定时器有无数对常开/常闭触点供用户编程使用，其结构主要由一个 16 位当前值寄存器（用来存储当前值）、一个 16 位预置值寄存器（用来存储预置值）和 1 位状态位（反映其触点的状态）组成。

在 FX5U PLC 中，按工作方式的不同，可以将定时器分为两大类，它们分别为通用定时器（T）和累计定时器（ST）。按时基的不同，又可以将定时器分为低速定时器、普通定时器和高速定时器。

1. 图说定时器指令相关概念

定时器指令相关概念如图 3-29 所示。

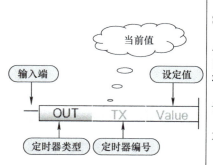

定时器相关概念

1) 定时器编号：通用定时器编号：T0~T511；累计定时器编号：ST0~ST15。
2) 输入端：输入端控制着定时器的能流，当输入端输入有效时，也就是说输入端有能流流过时，定时时间到，定时器输出状态为 1；当输入端输入无效时，也就是说输入端无能流流过时，定时器输出状态为 0。
3) 设定值：在编程时，根据时间设定需要输入相应的设定值，设定值为 16 位有符号整数，允许设定的最大值为 32767。
4) 时基：相应的时基有 3 种，它们分别为 1ms、10ms 和 100ms，不同的时基，对应的最大定时范围和定时器刷新方式不同。
5) 当前值：定时器当前所累计的时间称为当前值。
6) 定时时间计算公式

$$T = V \times S$$

式中，T 表示定时时间；V 表示预置值；S 表示时基。

图 3-29　定时器指令相关概念

2. 定时器指令的指令格式

定时器指令的指令格式见表 3-13。

表 3-13　定时器指令的指令格式

指令名称	指令符号	梯形图	时基	定时范围
低速定时器	OUT T	—[OUT　TX　Value]—	100ms	0.1～3276.7s
低速累计定时器	OUT ST	—[OUT　STX　Value]—	100ms	0.1～3276.7s
普通定时器	OUTH T	—[OUTH　TX　Value]—	10ms	0.01～327.67s
累计定时器	OUTH ST	—[OUTH　STX　Value]—	10ms	0.01～327.67s
高速定时器	OUTHS T	—[OUTHS　TX　Value]—	1ms	0.001～32.767s
高速累计定时器	OUTHS ST	—[OUTHS　STX　Value]—	1ms	0.001～32.767s

3.3.2　定时器指令工作原理及案例

1. 通用定时器（T）指令工作原理

（1）工作原理

当输入端输入有效时，定时器开始计时，当前值从 0 开始递增，当前值大于或等于设定值时，定时器输出状态为 1，相应的常开触点闭合，常闭触点断开；直到输入端无效时，定时器才复位，当前值被清零，此时输出状态为 0。

扫一扫，看视频

（2）应用案例

通用定时器指令应用案例如图 3-30 所示。

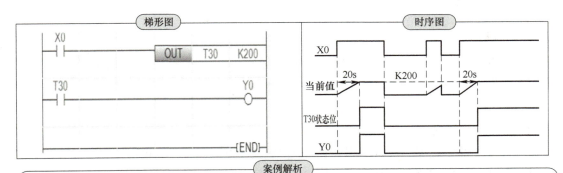

案例解析

当 X0 接通时，输入端输入有效，定时器 T30 开始计时，当前值从 0 开始递增，当当前值等于设定值 200 时，定时器输出状态为 1，定时器对应的常开触点 T30 闭合，驱动线圈 Y0 吸合；当 X0 断开时，输入端输入无效，T30 复位，当前值清 0，输出状态为 0，定时器常开触点 T30 断开，线圈 Y0 断开；若输入端接通时间小于设定值，定时器 T30 立即复位，线圈 Y0 也不会有输出。

图 3-30　通用定时器指令应用举例

2. 累计定时器（ST）指令工作原理

（1）工作原理

当输入端输入有效时，定时器开始计时，当前值从 0 开始递增，当前值到达设定值时，定时器输出状态为 1；当输入端输入无效时，当前值处于保持状态，但当输入端再次有效时，当前值在原来保持值的基础上继续递增计时。累计定时器采用复位指令（RST）进行复位操作，当复位指令有效时，定时器当前值被清零，定时器输出状态为 0。

（2）应用案例

累计定时器指令应用案例，如图 3-31 所示。

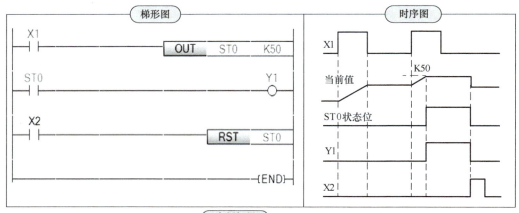

图 3-31　累计定时器指令应用案例

3.3.3　应用举例

1. 控制要求

有红、绿、黄 3 盏小灯，当按下起动按钮，3 盏小灯每隔 2s 轮流点亮并循环；当按下停止按钮时，3 盏小灯都熄灭。试设计程序。

2. 程序设计

（1）设计思路分析

该程序属于简单程序，首先设计一个起保停电路控制后续程序，根据控制要求"3 盏小灯轮流点亮"，则需设计 3 个定时器实现小灯的轮流点亮并循环，最后设计输出程序。

（2）梯形图程序

小灯循环点亮梯形图程序如图 3-32 所示。

（3）程序解析

当按下起动按钮，X0 的常开触点闭合，辅助继电器 M0 线圈得电并自锁，其常开触点 M0 闭合，输出继电器线圈 Y0 得电，红灯亮；与此同时，定时器 T0、T1 和 T2 开始计时，当 T0

定时时间到，其常闭触点断开、常开触点闭合，Y0断电、Y1得电，对应的红灯灭、绿灯亮；当T1定时时间到，Y1断电、Y2得电，对应的绿灯灭、黄灯亮；当T2定时时间到，其常闭触点断开，Y2失电且T0、T1和T2复位，接着定时器T0、T1和T2又开始新的一轮计时，红、绿、黄灯依次点亮往复循环；当按下停止按钮时，M0失电，其常开触点断开，定时器T0、T1和T2断电，3盏灯全熄灭。

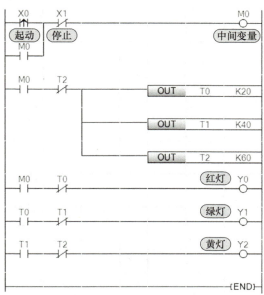

图 3-32　小灯循环点亮梯形图程序

3.4　计数器指令及案例

3.4.1　计数器指令简介

计数器是一种用来累计输入脉冲个数的编程元件，其结构主要由一个16位当前值寄存器、一个16位预置值寄存器和1位状态位组成。在FX5U PLC中，按计数长度的不同，可将计数器分为两大类，即16位保持型计数器（C）和32位保持型长计数器（LC），如图3-33所示。

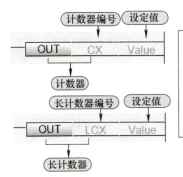

1) 计数器编号。计数器编号：C0~C255；长计数器编号：LC0~LC63。
2) 设定值可以是字元件也可以是常数。
3) 计数范围。计数器计数范围：0~32767；长计数器计数范围：0~4294967295。

扫一扫，看视频

图 3-33　计数器指令

3.4.2 计数器指令工作原理及案例

1. 工作原理

当复位指令无效时，脉冲输入有效，计数器可以计时。当有上升沿脉冲输入时，计数器的当前值加 1，当当前值大于或等于预置值时，计数器的状态位被置 1，其常开触点闭合，常闭触点断开；当复位指令为 1 时，计数器复位，当前值被清 0，计数器的状态位置 0。

2. 应用举例

计数器指令应用举例如图 3-34 所示。

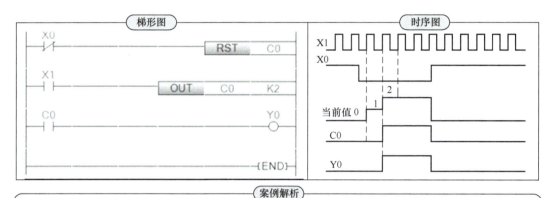

图 3-34 计数器指令应用案例

3.4.3 应用举例——产品数量检测控制

1. 控制要求

产品数量检测控制示意图如图 3-35 所示。传送带传输工件，用传感器检测通过的产品的数量，每凑够 12 个产品机械手动作一次，机械手动作后延时 3s，将机械手电磁铁切断。

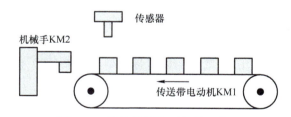

图 3-35 产品数量检测控制示意图

2. 设计步骤

1）根据控制要求，对输入 / 输出进行 I/O 分配，见表 3-14。

表 3-14 产品数量检测控制 I/O 分配

输入量		输出量	
起动按钮 SB1	X0	传送带电动机	Y0
停止按钮 SB2	X1	机械手	Y1
传感器	X2		

2)绘制外部接线图。外部接线图如图3-36所示。

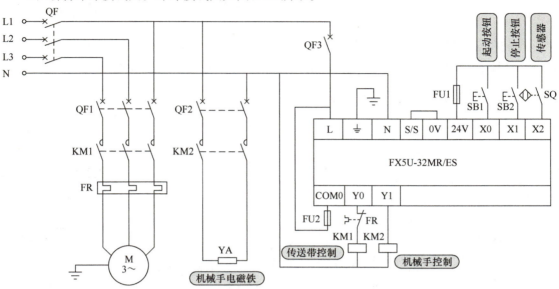

图3-36 产品数量检测控制外部接线图

3)设计梯形图程序及案例解析如图3-37所示。

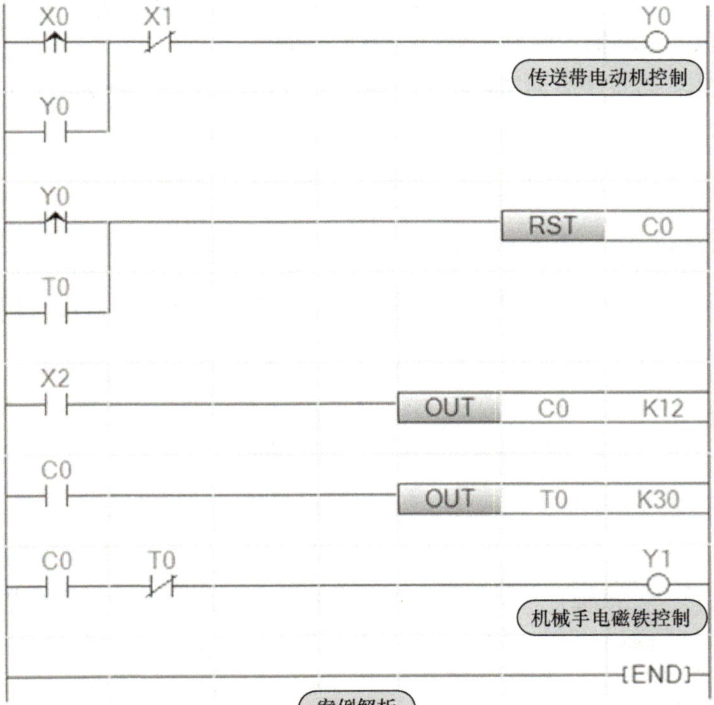

案例解析

按下起动按钮SB1,X0得电,线圈Y0得电并自锁,KM1吸合,传送带电动机运转;随着传送带的运动,传感器每检测到一个产品都会给C0脉冲,当脉冲数为12时,C0状态位置1,其常开触点闭合,Y1得电,机械手将货物抓走,与此同时T0定时,3s后Y1断开,机械手断电复位。

图3-37 产品数量检测控制梯形图程序及案例解析

3.5 PLC 编程中的经典小程序

实际的 PLC 程序往往是某些典型小程序的扩展与叠加,因此掌握一些典型小程序对大型复杂程序的编写非常有利。鉴于此,本节将给出一些典型小程序,供读者参考。

3.5.1 起保停电路与置位复位电路

1. 起保停电路

起保停电路在梯形图中应用广泛,其最大的特点是利用自身的自锁(又称自保持)可以获得"记忆"功能。电路模式如图 3-38 所示。

当按下起动按钮,常开触点 X0 接通,在未按停止按钮的情况下(即常闭触点 X1 为 ON),线圈 Y0 得电,其常开触

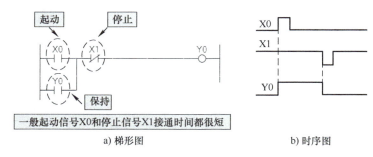

图 3-38 起保停电路

点闭合;松开起动按钮,常开触点 X0 断开,这时"能流"经常开触点 Y0 和常闭触点 X1 流至线圈 Y0,Y0 仍得电,这就是"自锁"和"自保持"功能。

当按下停止按钮,其常闭触点 X1 断开,线圈 Y0 失电,其常开触点断开;松开停止按钮,线圈 Y0 仍保持断电状态。

> **编者有料**
>
> 1)起保停电路"自保持"功能实现条件:将输出线圈的常开触点并联于起动条件两端。
>
> 2)实际应用中,起动信号和停止信号可能由多个触点串联组成,形式如下图,请读者活学活用。
>
> 3)起保停电路是在三相异步电动机单相连续控制电路的基础上演绎过来的,如果参照单相连续控制电路来理解起保停电路,那是极其方便的。演绎过程(翻译法)如下:

2. 置位复位电路

与起保停电路一样，置位复位电路也具有"记忆"功能。置位复位电路由置位、复位指令实现，电路模式如图 3-39 所示。

图 3-39　置位复位电路

按下起动按钮，常开触点 X0 闭合，置位指令被执行，线圈 Y0 得电，当 X0 断开后，线圈 Y0 继续保持得电状态；按下停止按钮，常开触点 X1 闭合，复位指令被执行，线圈 Y0 失电，当 X1 断开后，线圈 Y0 继续保持失电状态。

3.5.2　互锁电路

有些情况下，两个或多个继电器不能同时输出，为了避免它们同时输出，往往要相互将自身的常闭触点串在对方的电路中，这样的电路就是互锁电路。电路模式如图 3-40 所示。

按下正向起动按钮，常开触点 X0 闭合，线圈 Y0 得电并自锁，其常闭触点 Y0 断开，这时即使 X1 接通，线圈 Y1 也不会动作。

按下反向起动按钮，常开触点 X1 闭合，线圈 Y1 得电并自锁，其常闭触点 Y1 断开，这时即使 X0 接通，线圈 Y0 也不会动作。

按下停止按钮，常闭触点 X2 断开，线圈 Y0、Y1 均失电。

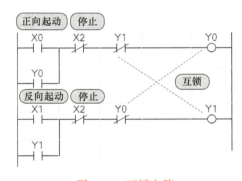

图 3-40　互锁电路

> **编者有料**
>
> 1）互锁实现：相互将自身的常闭触点串联在对方的电路中。
>
> 2）互锁目的：防止两路线圈同时输出。
>
> 3）和起保停电路的理解方法一样，可以通过正反转电路来理解互锁电路，具体如下：

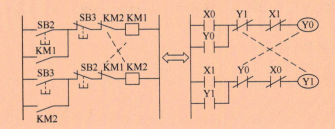

3.5.3 延时断开电路与延时接通/断开电路

1. 延时断开电路

（1）控制要求

当输入信号有效时，立即有输出信号；而当输入信号无效时，输出信号要延时一段时间后再停止。

（2）解决方案

解法一如图3-41所示。

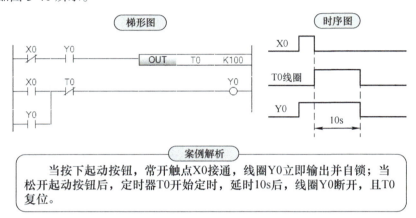

图3-41 延时断开电路解法一

解法二如图3-42所示。

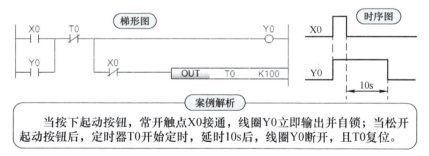

图3-42 延时断开电路解法二

2. 延时接通/断开电路

（1）控制要求

当输入信号有效，延时一段时间后输出信号才接通；当输入信号无效，延时一段时间后输出信号才断开。

（2）解决方案（见图3-43）

3.5.4 长延时电路

在FX5U PLC中，定时器最长延时时间为3276.7s，如果需要更长的延时时间，则可考虑联合使用多个定时器、计数器。

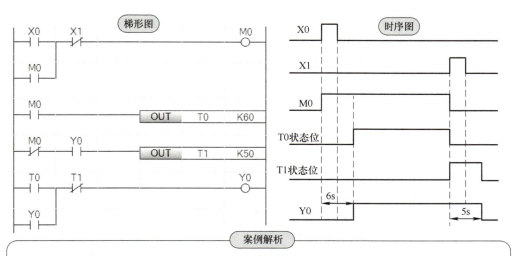

当按下起动按钮，X0接通，线圈M0得电并自锁，其常开触点闭合，定时器T0开始定时，6s后常开触点T0闭合，线圈Y0接通。

当按下停止按钮，X1断开，线圈M0失电，T0复位，与此同时T1开始定时，5s后定时器常闭触点T1断开，致使线圈Y0断电，T1也被复位。

图 3-43　延时接通 / 断开电路

1. 应用定时器的长延时电路

该解决方案的基本思路是利用多个定时器的串联，来实现长延时控制。定时器串联使用时，其总的定时时间等于各定时器定时时间之和，即 $T = T0 + T1$，具体如图 3-44 所示。

扫一扫，看视频

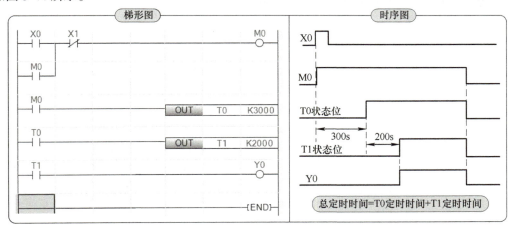

当按下起动按钮，X0接通，线圈M0得电并自锁，其常开触点闭合，定时器T0开始计时，300s后常开触点T0闭合，定时器T1开始定时，200s后常开触点T1闭合，线圈Y0接通。从X0接通到Y0接通的总延时时间=300s+200s=500s。

按下停止按钮，X1断开，线圈M0失电，T0、T1复位，Y0无输出。

图 3-44　应用定时器的长延时电路

2. 应用计数器的长延时电路

只要提供一个时钟脉冲信号作为计数器的计数输入信号，计数器即可实现定时功能。其定时时间等于时钟脉冲信号周期乘以计数器的设定值，即 T = T1·Kc，其中 T1 为时钟脉冲周期，Kc 为计数器设定值，时钟脉冲可以由 PLC 内部特殊辅助继电器产生，如 SM8013（秒脉冲）、SM8014（分脉冲），也可以由脉冲发生电路产生。

1）含有一个计数器的长延时电路如图 3-45 所示。

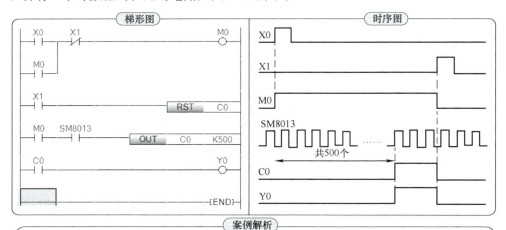

图 3-45　含有一个计数器的长延时电路

2）含有多个计数器的长延时电路如图 3-46 所示。

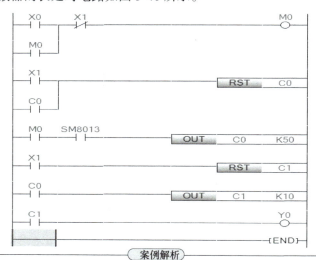

图 3-46　含有多个计数器的长延时电路

3. 应用定时器和计数器组合的长延时电路

该解决方案的基本思路是将定时器和计数器连接，来实现长延时，其本质是形成一个等效倍乘定时器，如图 3-47 所示。

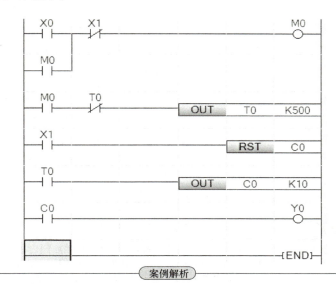

图 3-47　应用定时器和计数器组合的长延时电路

3.5.5　脉冲发生电路

脉冲发生电路是应用广泛的一种控制电路，它的构成形式很多，具体如下：

1. 由 SM8013 和 SM8014 构成的脉冲发生电路

由 SM8013 和 SM8014 构成的脉冲发生电路最为简单，SM8013 和 SM8014 是最为常用的特殊辅助继电器，SM8013 为秒脉冲，在一个周期内接通 0.5s 断开 0.5s；SM8014 为分脉冲，在一个周期内接通 30s 断开 30s。具体如图 3-48 所示。

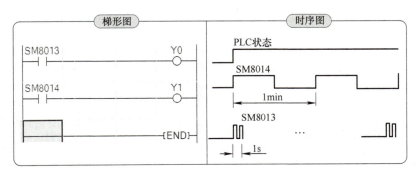

图 3-48　由 SM8013 和 SM8014 构成的脉冲发生电路

2. 单个定时器构成的脉冲发生电路

周期可调脉冲发生电路，如图 3-49 所示。

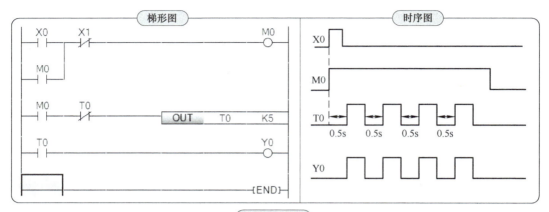

案例解析

单个定时器构成的脉冲发生电路的脉冲周期可调，通过改变T0的设定值，从而改变延时时间，进而改变脉冲的发生周期。

当按下起动按钮时，X0闭合，线圈M0接通并自锁，M0的常开触点闭合，T0计时0.5s后，定时时间到，T0线圈得电，其常开触点闭合，Y0接通。T0常开触点接通的同时，其常闭触点断开，T0线圈断电，从而Y0断电，接着T0又从0开始计时，如此周而复始会产生间隔为0.5s的脉冲，直至按下停止按钮，才停止脉冲发生。

图 3-49 单个定时器构成的脉冲发生电路

3. 多个定时器构成的脉冲发生电路

多个定时器构成的脉冲发生电路如图 3-50 所示。

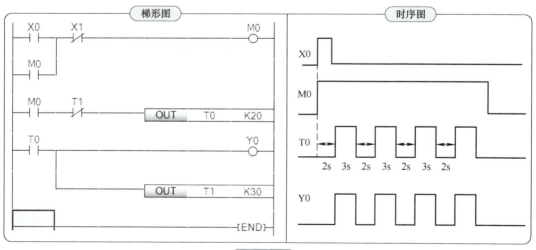

案例解析

当按下起动按钮时，X0闭合，线圈M0接通并自锁，M0常开触点闭合，T0计时，2s后T0定时时间到，其线圈得电，其常开触点闭合，Y0接通，与此同时T1计时，3s后定时时间到，T1线圈得电，其常闭触点断开，T0断电，其常开触点断开，Y0和T1断电，T1的常闭触点复位，T0又开始定时，如此反复，会发生一个个脉冲。

图 3-50 多个定时器构成的脉冲发生电路

4. 顺序脉冲发生电路

三个定时器顺序脉冲发生电路如图 3-51 所示。

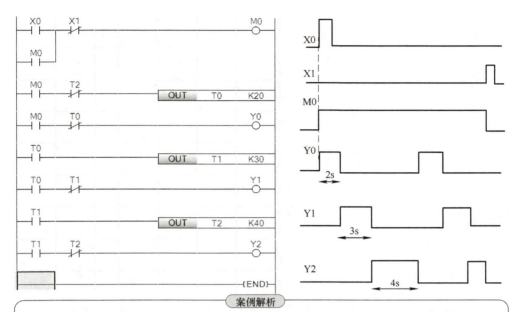

案例解析

当按下起动按钮时，X0闭合，线圈M0接通并自锁，M0常开触点闭合，T0开始定时同时Y0接通；T0定时2s时间到，其常闭触点断开，Y0断电；T0常开触点闭合，T1开始定时同时Y1接通；T1定时3s时间到，其常闭触点断开，Y1断电；T1常开触点闭合，T2开始定时同时Y2接通；T2定时4s时间到，其常闭触点断开，Y2断电；若M0线圈一直接通，该电路会重新开始产生顺序脉冲，直到按下停止按钮，常闭X1断开，M0失电，定时器复位，线圈Y0、Y1和Y2全部断电。

图 3-51　顺序脉冲发生电路

第 4 章

FX5U PLC 应用指令及案例

本章要点

- ◆ 应用指令简介
- ◆ 比较类指令及案例
- ◆ 数据传送类指令及案例
- ◆ 算术运算指令及案例
- ◆ 逻辑运算指令及案例
- ◆ 循环与移位指令

基本指令是基于继电器、定时器和计数器类的软元件，主要用于逻辑处理。作为工业控制计算机，PLC 仅有基本指令是不够的，在工业控制的很多场合需要对数据进行处理，因而 PLC 制造商逐步引入了应用指令。

应用指令主要用于数据传送、运算、变换、程序控制及通信等。一般说来，FX5U PLC 应用指令有比较指令和数据传送、算术运算与逻辑运算指令、循环与移位指令，以及程序控制类指令等。

4.1 应用指令简介

4.1.1 应用指令的格式

应用指令由助记符和操作数组成。下面以成批传送指令举例，说明应用指令的指令格式，如图 4-1 所示。

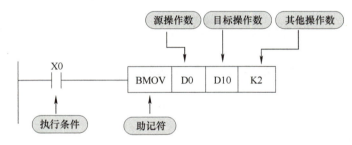

图 4-1 应用指令的指令格式

1. 助记符

用来指定该指令的操作功能，一般用英文单词或单词缩写表示。图 4-1 中成批传送指令的助记符为 BMOV。

2. 操作数

操作数可以分为源操作数、目标操作数和其他操作数。

源操作数：当指令执行后不改变其内容的操作数，用 [S] 表示。

目标操作数：当指令执行后改变其内容的操作数，用 [D] 表示。

其他操作数：用来表示常数或对源操作数和目标操作数作补充说明，用 m、n 表示。

需要指出源操作数、目标操作数和其他操作数不唯一时，分别用 [S1]、[S2]、[D1]、[D2]、m1、m2 或 n1、n2。

4.1.2 数据长度与执行形式

1. 数据长度

应用指令按处理数据长度分为 16 位指令和 32 位指令，其中 16 位指令前无"D"，32 位指令助记符前加"D"，如图 4-2 所示。

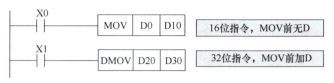

图 4-2　应用指令数据长度举例

（1）16 位数据结构

16 位数据结构如图 4-3a 所示，16 位的数据内容为二进制数，其中最高位为符号位，其余为数据位。符号位的作用是指明数据的正、负，符号位为 0，表示正数；符号位为 1，表示负数。

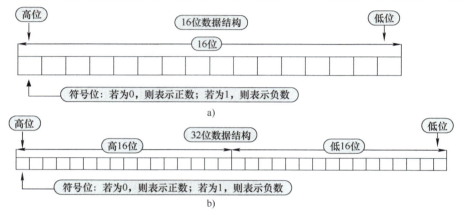

图 4-3　16 位和 32 位数据结构

（2）32 位数据结构

32 位数据结构如图 4-3b 所示，32 位的数据内容为二进制数，其中最高位为符号位，其余为数据位。符号位的作用是指明数据的正、负，符号位为 0，表示正数；符号位为 1，表示负数。

（3）案例解析

在图 4-2 中，当 X0 闭合，MOV 指令执行，将数据寄存器 D0 中的 16 位数据传送到数据寄存器 D10 中；当 X1 闭合，DMOV 指令执行，将数据寄存器 D21、D20 中的数据传送到数据寄存器 D31、D30 中。

2. 执行形式

应用指令执行形式有两种，分别为连续执行型和脉冲执行型，如图 4-4 所示。图 4-4a，为连续执行型，当 X0 闭合后，MOV 指令每个扫描周期都被执行；图 4-4b，为脉冲执行型，仅在 X1 由 OFF 变为 ON 的瞬间 MOVP 指令执行。

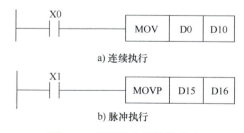

图 4-4　应用指令的执行形式

4.1.3　操作数

操作数按功能分为源操作数、目标操作数和其他操作数；按组成分为位元件、字元件。

位元件是指只有通断两种状态的元件，如输入继电器 X、输出继电器 Y、内部继电器 M、步进继电器 S 等；字元件是指处理数据的元件，如定时器和计数器的设定值寄存器、定时器和计数器的当前值寄存器、数据寄存器 D 等。

位元件组合也可以组成字元件，组合是由 4 个连续的位元件组成，形式用 KnP 表示，其中 P 为位元件的首地址，n 为组数，$n = 1 \sim 8$。例如，K2M0 表示由 M0 ~ M7 组成的两个位元件组，其中 M0 为位元件首地址，$n = 2$。

4.2 比较类指令及案例

比较类指令是一类应用广泛的指令，它包括比较指令 CMP、区域比较指令 ZCP 和触点式比较指令。

4.2.1 比较指令

1. 指令格式及应用举例

比较指令的指令格式及应用举例，如图 4-5 所示。

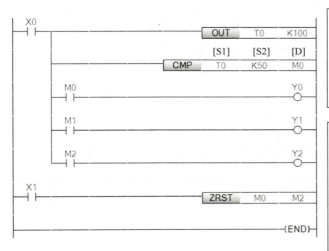

图 4-5　比较指令的指令格式及应用举例

2. 使用说明

1）指令执行有连续和脉冲两种。

2）数据长度可 16 位，可 32 位。

3）目标操作数 [D] 为位元件 Y、M、S，三个元件号一定要连续，如图 4-5 所示 M0 ~ M2 就是 3 个连续的元件。

4）执行条件断开后，比较结果仍保持原状态，可用 RST 或 ZRST 指令将其清 0。

4.2.2 区域比较指令

1. 指令格式及应用举例

区域比较指令的指令格式及应用举例，如图 4-6 所示。

扫一扫，看视频

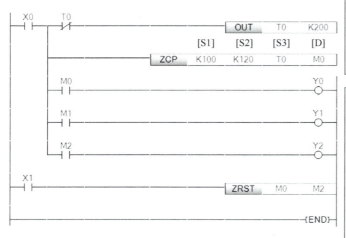

图 4-6 区域比较指令的指令格式及应用举例

2. 使用说明

1）指令执行有连续和脉冲两种。

2）数据长度可 16 位，可 32 位。

3）目标操作数 [D] 为位元件 Y、M、S，三个元件号一定要连续，如图 4-6 所示 M0 ~ M2 就是 3 个连续的元件。

4）执行条件断开后，比较结果仍保持原状态，可用 RST 或 ZRST 指令将其清 0。

4.2.3 触点式比较指令

扫一扫，看视频

1. 指令介绍

触点式比较指令与上述介绍的比较指令不同，触点式比较指令本身就相当一个普通的触点，而触点的通断与比较条件有关，若条件成立，则导通；反之，则断开。触点式比较指令可以装载、串联和并联，具体见表 4-1。

表 4-1 触点式比较指令

类型	助记符	导通条件
装载类比较触点	LD=	[S1] = [S2] 时触点接通
	LD>	[S1] > [S2] 时触点接通
	LD<	[S1] < [S2] 时触点接通
	LD<>	[S1] ≠ [S2] 时触点接通
	LD<=	[S1] ≤ [S2] 时触点接通
	LD>=	[S1] ≥ [S2] 时触点接通

（续）

类型	助记符	导通条件
串联类比较触点	AND=	[S1] = [S2] 时串联类触点接通
	AND>	[S1] > [S2] 时串联类触点接通
	AND<	[S1] < [S2] 时串联类触点接通
	AND<>	[S1] ≠ [S2] 时串联类触点接通
串联类比较触点	AND<=	[S1] ≤ [S2] 时串联类触点接通
	AND>=	[S1] ≥ [S2] 时串联类触点接通
并联类比较触点	OR=	[S1] = [S2] 时并联类触点接通
	OR >	[S1] > [S2] 时并联类触点接通
	OR <	[S1] < [S2] 时并联类触点接通
	OR <>	[S1] ≠ [S2] 时并联类触点接通
	OR<=	[S1] ≤ [S2] 时并联类触点接通
	OR>=	[S1] ≥ [S2] 时并联类触点接通

2. 应用举例

触点式比较指令的应用举例，如图4-7所示。

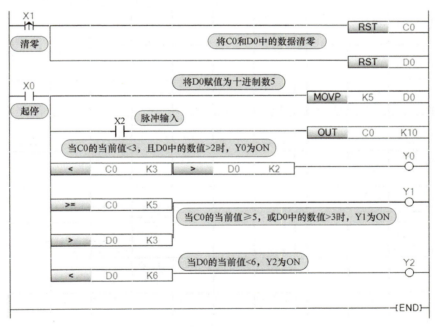

图4-7 触点式比较指令的应用举例

4.2.4 综合举例——小灯循环点亮

1. 控制要求

按下起动按钮，3只小灯每隔1s循环点亮；按下停止按钮，3只小灯全部熄灭。

2. 程序设计

（1）I/O 分配，见表 4-2。

表 4-2　小灯循环程序的 I/O 分配

输入量		输出量	
起动按钮	X0	红灯	Y0
停止按钮	X1	绿灯	Y1
		黄灯	Y2

（2）编制梯形图程序

1）用触点式比较指令实现小灯循环程序，如图 4-8 所示。

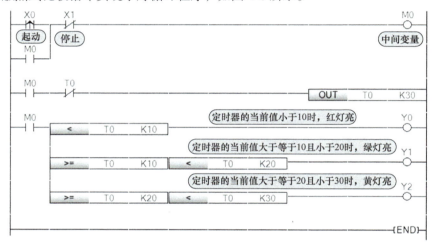

图 4-8　用触点式比较指令编程

2）用区域比较指令实现小灯循环程序，如图 4-9 所示。

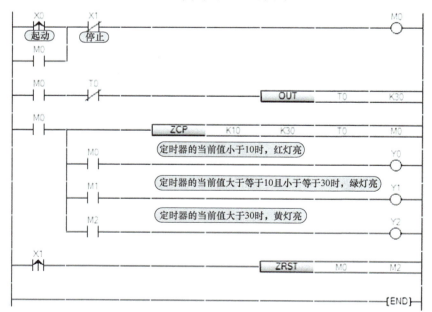

图 4-9　用区域比较指令编程

> **编者有料**
>
> 1）本例采用触点式比较指令和区域比较指令两种解法，体会一下两者的异曲同工之妙。
>
> 2）用比较指令编程就相当于不等式的应用，其关键在于找到端点，列出不等式，具体如下：

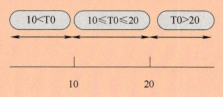

4.3 数据传送类指令及案例

4.3.1 数据传送类指令

数据传送类指令用来完成各存储单元之间一个或多个数据的传送，传送过程中数值保持不变。数据传送类指令包括数据传送指令、移位传送指令、取反传送指令、块传送指令和多点传送指令。

扫一扫，看视频

1. 数据传送指令

（1）指令格式及举例

数据传送指令的指令的格式及应用举例，如图4-10所示。

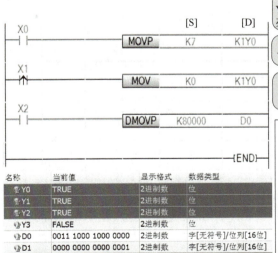

当X0为ON时，MOVP指令执行，将十进制常数7送到Y0~Y3中。十进制常数7对应的二进制为0111，因此Y0~Y2指示灯亮，Y3指示灯不亮。本例是置1的典型应用。

当X1为ON时，MOV指令执行，将十进制常数0送到Y0~Y3中，Y0~Y3指示灯熄灭。本例是清0的典型应用。

当X2为ON时，DMOVP指令执行，将十进制常数80000送到D1、D0中。本例为32位数据传递，D0存放低16位的数，D1存放高16位的数。

指令格式

1) 助记符：MOV。
2) 源操作数[S]：K、H、KnX、KnY、KnS、KnM、KnL、KnSM、KnF、KnB、KnSB、T、C、D、Z、ST、W、SD、SW和R；DMOV源操作数还有LC和LZ。
3) 目标操作数[D]：KnX、KnY、KnS、KnM、KnL、KnSM、KnF、KnB、KnSB、T、C、D、Z、ST、W、SD、SW和R；DMOV目标操作数还有LC和LZ。
4) 指令功能：将源操作数[S]的内容传送至指定的目标操作数[D]中，在传送过程中数据内容保持不变。

图4-10 数据传送指令的指令格式及应用举例

（2）使用说明

1）指令执行有连续和脉冲两种形式。

2）指令支持 16 位和 32 位数据传送，32 位数据传送时，在指令助记符前加 D。

2. 取反传送指令

（1）指令格式及举例

取反传送指令格式及应用举例，如图 4-11 所示。

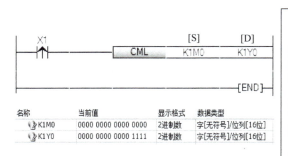

图 4-11　取反传送指令格式及应用举例

（2）使用说明

1）指令执行有连续和脉冲两种形式。

2）指令支持 16 位和 32 位数据传送，32 位数据传送时，在指令助记符前加 D。

3. 成批传送指令

（1）指令格式及举例

成批传送指令格式及应用举例，如图 4-12 所示。

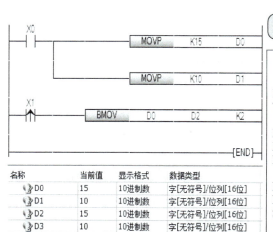

图 4-12　成批传送指令格式及应用举例

（2）使用说明

1）指令执行有连续和脉冲两种形式。

2）指令只支持 16 位数据。

3）如果源操作数与目标操作数的类型相同，当传送编号范围有重叠时也同样能传送。

4）带有位指定的元件，源操作数与目标操作数的指定位数必须相同；例如，K2M0 → K2Y0，n 需取 2，即 M0 ~ M7 的数据传给 Y0 ~ Y7。

> **编者有料**
>
> 使用 BMOV 指令可成批传送数据，若想使用 MOV 指令达到同样的目的需用多条，经对比不难发现 BMOV 指令在批量传送时很便捷。

4. 多点传送指令

（1）指令格式及举例

多点传送指令格式及应用举例，如图 4-13 所示。

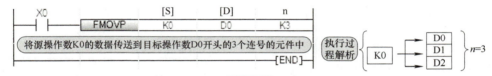

图 4-13　多点传送指令格式及应用举例

（2）使用说明

1）指令执行有连续和脉冲两种形式。

2）指令有清零功能。

3）指令支持 16 位和 32 位数据传送，32 位数据传送时，在指令助记符前加 D。

> **编者有料**
>
> FMOV 指令具有清零功能，相当于成批复位 ZRST 指令，可以代替多条 RST 指令。

5. 数据交换指令

数据交换指令格式及应用举例，如图 4-14 所示。

> **编者有料**
>
> XCH 指令通常采用脉冲执行形式，否则每个周期都要执行 1 次。

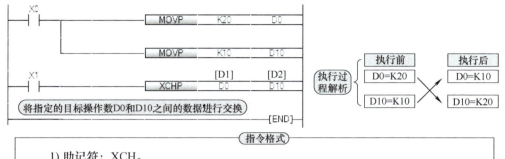

图4-14 数据交换指令格式及应用举例

4.3.2 综合举例——两级传送带起停控制

1. 控制要求

两级传送带起停控制，如图4-15所示。当按下起动按钮后，电动机M1接通；当货物到达X1，X1接通并起动电动机M2；当货物到达X2后，M1停止；货物到达X3后，M2停止；试设计梯形图。

2. 程序设计，如图4-16所示。

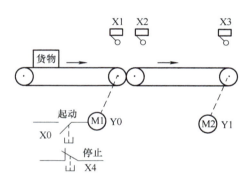

图4-15 两级传送带起停控制

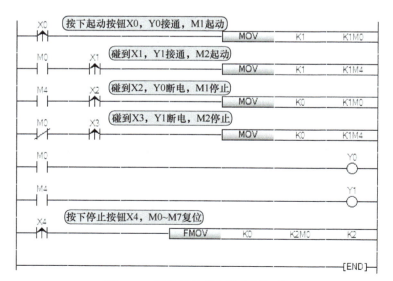

图4-16 两级传送带起停控制程序

4.4 算术运算指令及案例

PLC 普遍具有较强的运算功能，其中算术运算指令是实现运算的主体，它包括四则运算指令和加 1/减 1 指令。

4.4.1 四则运算指令

1. 加法运算指令

加法运算指令的指令格式及应用举例，如图 4-17 所示。

扫一扫，看视频

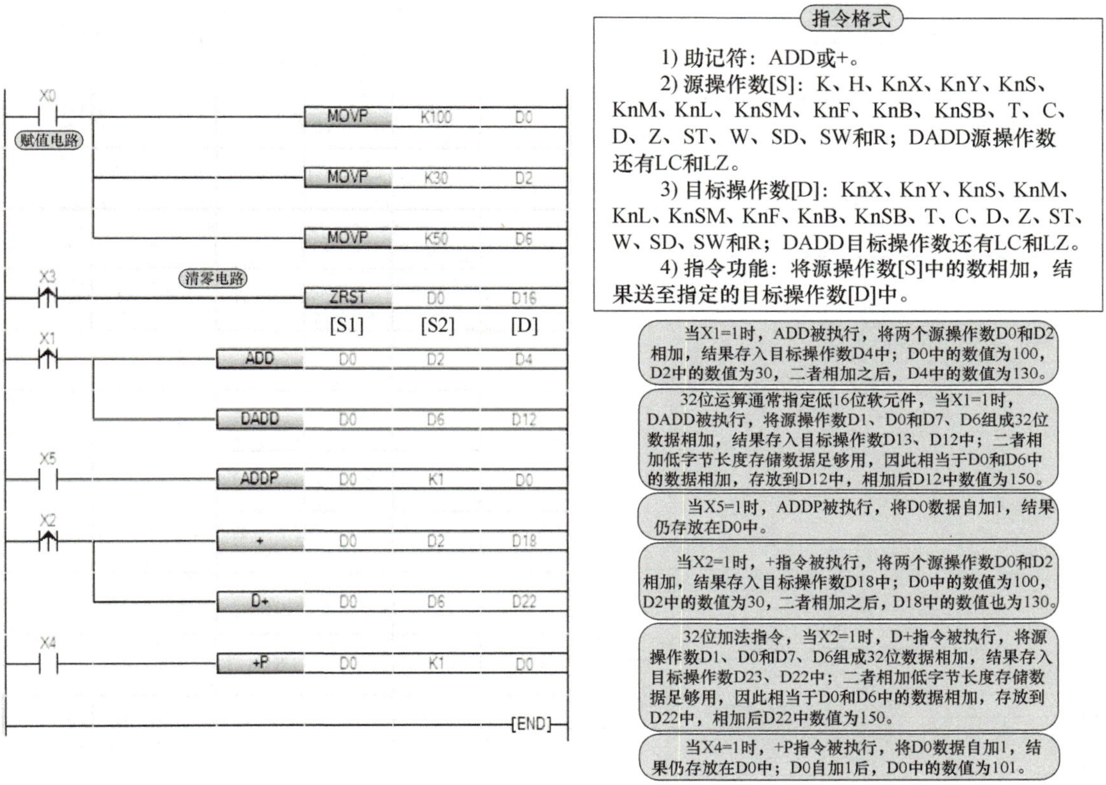

图 4-17　加法运算指令的指令格式及应用举例

2. 减法运算指令

减法运算指令的指令格式及应用举例，如图 4-18 所示。

3. 乘法运算指令

乘法运算指令的指令格式及应用举例，如图 4-19 所示。

4. 除法运算指令

除法运算指令的指令格式及应用举例，如图 4-20 所示。

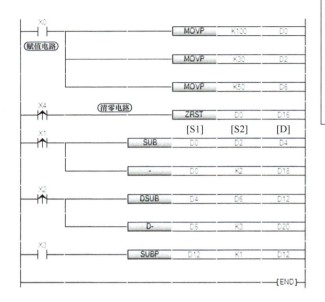

图 4-18 减法运算指令的指令格式及应用举例

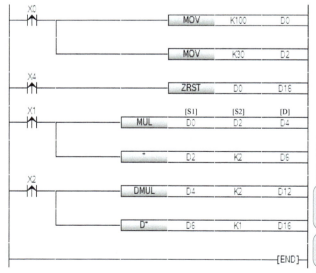

图 4-19 乘法运算指令的指令格式及应用举例

指令格式

1) 16位除法助记符：DIV或/；32位除法助记符：DDIV或D/。

2) 16位源操作数[S]：K、H、KnX、KnY、KnS、KnM、KnL、KnSM、KnF、KnB、KnSB、T、C、D、Z、ST、W、SD、SW和R。

3) 16位目标操作数[D]：KnX、KnY、KnS、KnM、KnL、KnSM、KnF、KnB、KnSB、T、C、D、Z、ST、W、SD、SW、R、LC和LZ。

4) 32位源操作数[S]：K、H、KnX、KnY、KnS、KnM、KnL、KnSM、KnF、KnB、KnSB、T、C、D、Z、ST、W、SD、SW、R、LC和LZ。

5) 32位目标操作数[D]：KnX、KnY、KnS、KnM、KnL、KnSM、KnF、KnB、KnSB、T、C、D、ST、W、SD、SW、R和LC。

6) 指令功能：将源操作数[S]中的二进制数相除，商送至指定的目标操作数[D]中，余数送至[D]的下一个元件中。

两个16位数相除，商为16位数，余数为16位数；当X1=1时，DIV被执行，将两个源操作数D0和D2相除，商存入目标操作数D4中，余数送至D5中；D0中的数值是900，D2中的数值是30，二者相除商30存在D4中，没有余数。

当X1=1时，/指令被执行，将两个源操作数D4和K2相除，商15存入D6中，没有余数。

两个32位数相除，商为32位数，余数为32位数；当X2=1时，DDIV被执行，将源操作数D5、D4和K2相除，商存入目标操作数D13、D12中，余数送至D15、D14中。

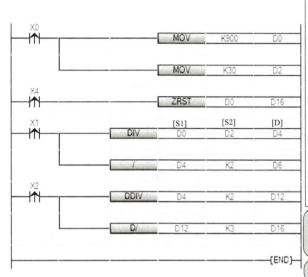

图 4-20 除法运算指令的指令格式及应用举例

4.4.2 加 1/ 减 1 指令

扫一扫，看视频

1. 加 1 指令

加 1 指令的指令格式及应用举例，如图 4-21 所示。

指令格式

1) 助记符：INC。

2) 目标操作数[D]：KnX、KnY、KnS、KnM、KnL、KnSM、KnF、KnB、KnSB、T、C、D、Z、ST、W、SD、SW和R；DINC目标操作数还有LC和LZ。

3) 指令功能：将目标操作数[D]中的内容加1，结果仍送至目标操作数[D]中。

当X0=1时，INC指令执行，数据寄存器D0中的数据自动加1，结果仍存在D0中

图 4-21 加 1 指令的指令格式及应用举例

2. 减 1 指令

减 1 指令的指令格式及应用举例，如图 4-22 所示。

编者有料

INC/DEC 指令习惯用脉冲执行形式，如果采取连续执行形式，则每个扫描周期都要加 1/ 减 1。

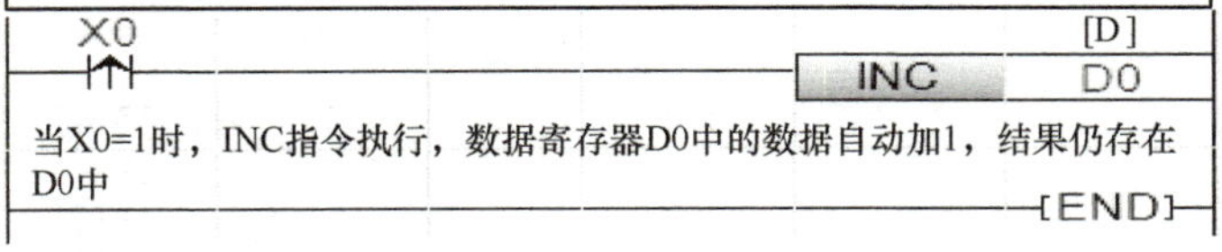

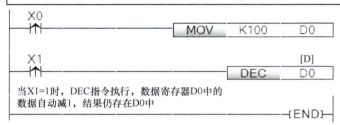

图 4-22 减 1 指令的指令格式及应用举例

4.4.3 综合举例

1. 三相异步电动机起动、停止、反转、停止控制

（1）控制要求

控制 1 台三相异步电动机，要求电动机按正转 3s → 停止 3s → 反转 3s → 停止 3s 的顺序并自动循环运行，直到按下停止按钮，电动机才停止。

（2）程序设计

1）I/O 分配：见表 4-3。
2）程序设计，如图 4-23 所示。

2. 四则运算控制

（1）控制要求

求 $x = 10$ 时，式子（$2x + 8$）/7 的值。

（2）程序设计：如图 4-24 所示。

表 4-3 三相异步电动机起动、停止、反转、停止 I/O 分配

输入量		输出量	
起停按钮	X0	正转	Y0
		反转	Y1

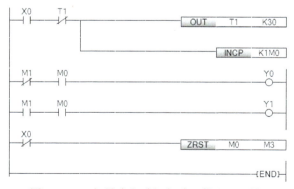

图 4-23 三相异步电动机起动、停止、反转、停止控制程序

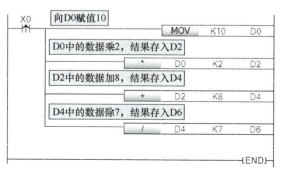

图 4-24 四则运算控制程序

4.5 逻辑运算指令及案例

逻辑运算指令可以实现逻辑数对应位间的逻辑操作。逻辑运算指令包括逻辑与指令、逻辑或指令、逻辑异或指令等。

逻辑运算的通用规则如下：

1）逻辑运算指令有连续和脉冲两种执行形式。

2）四则运算指令支持 16 位和 32 位数据。

3）逻辑运算指令在运算时按位执行逻辑运算，逻辑运算关系，见表 4-4。

表 4-4 逻辑运算关系

逻辑运算形式	运算关系				运算口诀
逻辑与运算	1∧1=1	1∧0=0	0∧1=0	0∧0=0	有 0 为 0，全 1 出 1
逻辑或运算	1∨1=1	1∨0=1	0∨1=1	0∨0=0	有 1 为 1，全 0 出 0
逻辑异或运算	1⊕1=0	1⊕0=1	0⊕1=1	0⊕0=0	相同为 0，相异出 1

4.5.1 逻辑与指令

逻辑与指令的指令格式及应用举例，如图 4-25 所示。

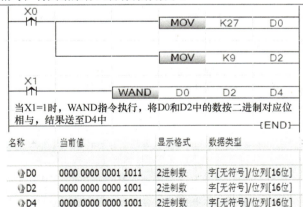

图 4-25 逻辑与指令的指令格式及应用举例

4.5.2 逻辑或指令

逻辑或指令的指令格式及应用举例，如图 4-26 所示。

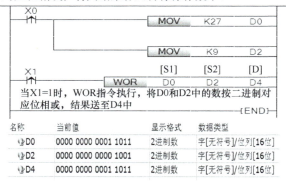

图 4-26　逻辑或指令的指令格式及应用举例

4.5.3　逻辑异或指令

逻辑异或指令的指令格式及应用举例，如图 4-27 所示。

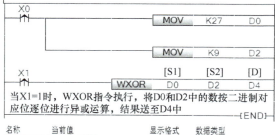

图 4-27　逻辑异或指令的指令格式及应用举例

> **重点提示**
>
> 按照以下运算口诀，掌握相应的指令是不难的。
> 逻辑与：有0为0，全1出1；逻辑或：有1为1，全0出0；逻辑异或：相同为0，相异出1。

4.5.4 综合举例

1. 控制要求

某节目有两位评委和若干选手，评委需对每位选手评价，给出过关还是淘汰的判断。两位评委均按1键，选手方可过关，否则将被淘汰；过关绿灯亮，淘汰红灯亮；试设计程序。

2. 程序设计

1) I/O 分配，见表4-5。
2) 程序设计，如图4-28所示。

表 4-5 I/O 分配

输入量		输出量	
A 评委 1 键	X0	过关绿灯	Y0
A 评委 0 键	X1	淘汰红灯	Y1
B 评委 1 键	X2		
B 评委 0 键	X3		
主持人键	X4		
停止按钮	X5		

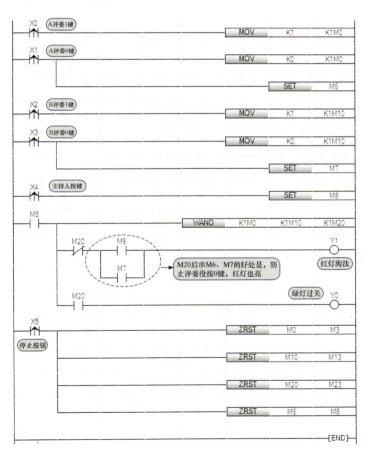

图 4-28 综合应用举例程序

4.6 循环与移位指令

循环与移位指令在程序中可方便地实现某些运算，也可以用于取出数据中的有效位数字，还可用在顺序控制中。循环与移位指令主要有三大类，分别为循环指令、移位指令和移位写入 / 读出指令。

重点提示

循环与移位指令通常都采用脉冲执行方式。

4.6.1 循环指令

1. 循环左移指令

循环左移指令的指令格式及应用举例，如图 4-29 所示。

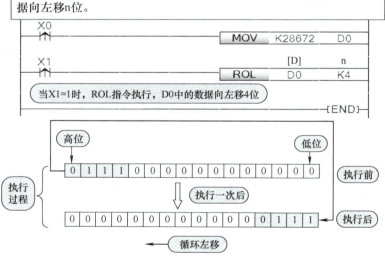

图 4-29　循环左移指令的指令格式及应用举例

2. 循环右移指令

循环右移指令的指令格式及应用举例，如图 4-30 所示。

4.6.2 位左移与位右移指令

1. 位左移指令

位左移指令的指令格式及应用举例，如图 4-31 所示。

第4章 FX5U PLC 应用指令及案例

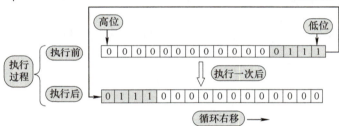

图 4-30 循环右移指令的指令格式及应用举例

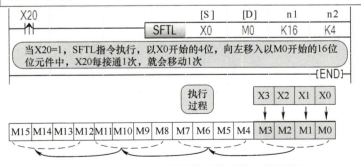

图 4-31 位左移指令的指令格式及应用举例

2. 位右移指令

位右移指令的指令格式及应用举例,如图4-32所示。

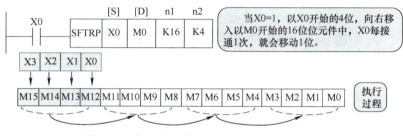

1) 助记符:SFTR。
2) 源操作数[S]:K、H、KnX、KnY、KnS、KnM、KnL、KnSM、KnF、KnB、KnSB、T、C、D、ST、W、SD、SW和R。
3) 目标操作数[D]:K、H、KnX、KnY、KnS、KnM、KnL、KnSM、KnF、KnB、KnSB、T、C、D、Z、ST、W、SD、SW和R。
4) n1:目标位元件的个数;n2:移位量;n2≤n1≤1024。
5) 指令功能:当执行条件为1,以源操作数[S]开始的n2位,向右移入以目标操作数[D]开始的n1位元件中,执行条件每接通1次,就会移动1位。

图4-32 位右移指令的指令格式及应用举例

第 5 章

子程序和中断程序的设计及案例

本章要点

- ◆ 子程序的设计及应用举例
- ◆ 中断程序的设计及应用举例

5.1 子程序的设计及应用举例

5.1.1 子程序调用指令

子程序是为了一些特定控制要求而编制的相对独立的程序。为了区别主程序，在程序编制时，往往主程序在前，子程序在后，主程序与子程序之间用主程序结束指令（FEND）隔开。调用子程序结构，如图 5-1 所示。

扫一扫，看视频

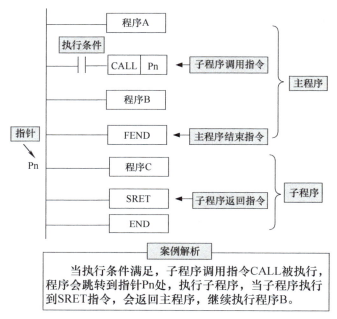

图 5-1 调用子程序结构

子程序指令有两条，分别为子程序调用指令和子程序返回指令。

1. 指令格式

子程序指令的指令格式，见表 5-1。

表 5-1 子程序指令的指令格式

指令名称	助记符	操作数
子程序调用指令	CALL	指针 Pn
子程序返回指令	SRET	无

2. 注意事项

1) 子程序需放在主程序结束指令 FEND 之后。

2) 子程序调用指令 CALL 与子程序返回指令 SRET 成对出现，子程序以 CALL 指令开始，以 SRET 指令结束。

3) 子程序可多次调用，也可嵌套，但嵌套最多不得超过 16 层。

5.1.2 子程序指令应用举例

1. 控制要求

系统设有起停按钮，按下起停按钮，当选择开关常开触点接通，电动机 M1 工作；当选择开关常闭触点接通，电动机 M2 工作；再次按下起停按钮，两台电动机都停止工作；试用子程序指令实现以上控制功能。

2. 程序设计

（1）两台电动机选择起停控制 I/O 分配，见表 5-2。

表 5-2 两台电动机选择起停控制 I/O 分配

输入量		输出量	
起停按钮	X0	电动机 M1	Y0
选择开关	X1	电动机 M2	Y1

（2）程序设计

两台电动机选择起停控制梯形图程序，如图 5-2 所示。

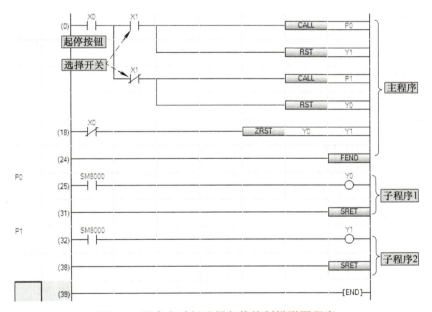

图 5-2 两台电动机选择起停控制梯形图程序

5.2 中断程序的设计及应用举例

5.2.1 中断指令

中断是指终止当前正在运行的程序，转而执行为立即响应的信号而编制的中断服务程序，执行完毕后再返回原来被终止的程序并继续运行。

1. 中断指令

中断指令有中断返回指令、允许中断指令和禁止中断指令 3 条。中断指令的指令格式，见表 5-3。

表 5-3　中断指令的指令格式

指令名称	助记符	操作数
中断返回指令	IRET	无
允许中断指令	EI	无
禁止中断指	DI	无

1）中断返回指令 IRET：用于从中断子程序返回到主程序。

2）允许中断指令 EI：使用 EI 指令可以使可编程序由禁止中断状态变为允许中断状态。

3）禁止中断指令 DI：使用 DI 指令可以使可编程序由允许中断状态变为禁止中断状态。

2. 中断指针

中断指针用来指明某一中断程序的入口。中断分类及中断指针编号，见表 5-4。

表 5-4　中断分类及中断指针编号

功能	中断编号	内容
输入（包含计数器）的中断	I0～I23	CPU 模块的内置功能（输入中断、高速比较一致中断）中使用的中断指针
通过内部定时器执行中断	I28～I31	通过内部定时器在固定周期中断中使用的中断指针
来自模块的中断	I50～I177	具有中断功能的模块中使用的中断指针

3. 程序结构

可编程序通常处于禁止中断状态，指令 EI 和 DI 之间或指令 EI 和 FEND 之间为中断允许区域，当程序执行到此区域时，若中断条件满足，CPU 将停止执行当前的程序，转而执行相应的中断程序，当执行到中断程序 IRET 指令时，PLC 将返回原中断点，继续执行原来的程序。具体程序结构，如图 5-3 所示。

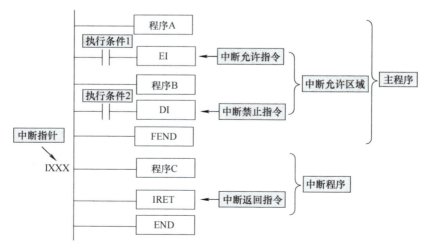

图 5-3　中断程序结构

4. 注意事项

1）中断程序需放在主程序结束指令 FEND 之后。

2）中断程序需以 IRET 指令结束。

3）指令 EI 和 DI 之间或指令 EI 和 FEND 之间为中断允许区域。

4）如有多个依次发出的中断信号，则优先级以信号发生的先后为序，发生早的优先级高；如有信号同时发生，中断指针标号小的优先。

5.2.2 气缸伸缩控制

1. 控制要求

某系统气缸进行如下控制：当光电开关 X0 检测到物料后，气缸 Y0 得电伸出；当气缸限位开关 X1 得电，气缸 Y0 失电缩回。根据上述要求，利用输入中断设计程序。

2. 程序设计

（1）输入中断配置参数

在 GX Works3 软件导航窗口中，执行"参数"→"FX5UCPU"→"模块参数"→"高速 I/O"→"输入功能"→"通用/中断/脉冲捕捉"→"详细设置"，会弹出"通用/中断/脉冲捕捉"设置界面。在该界面中，将 X0 和 X1 设置为"中断（上升沿）"，如图 5-4 所示。

扫一扫，看视频

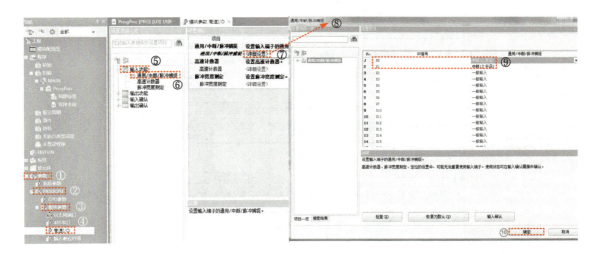

图 5-4 输入中断配置参数

然后在 GX Works3 软件导航窗口中，执行"参数"→"FX5UCPU"→"模块参数"→"输入输出响应时间"，会弹出设置界面，将 X0 和 X1 输入中断响应时间设置为"0.2ms"，如图 5-5 所示。

（2）气缸伸缩控制程序

气缸伸缩控制程序，如图 5-6 所示。

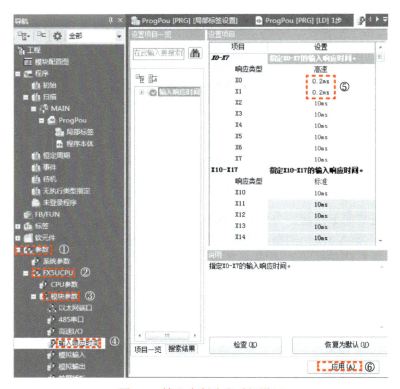

扫一扫，看视频

图 5-5　输入中断响应时间设置

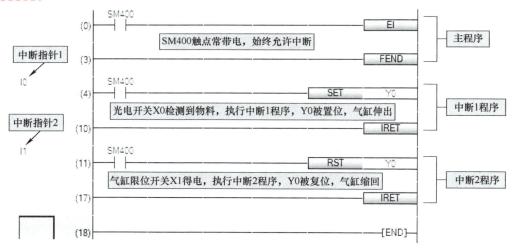

图 5-6　气缸伸缩控制程序

5.2.3　定时中断应用

1. 控制要求

某系统每 1000ms 定时执行一次中断程序，每执行一次中断，D0 中的数据会自加 1，根据上述要求，利用定时中断设计程序。

2. 程序设计

（1）定时中断配置参数

在 GX Works3 软件导航窗口中，执行"参数"→"FX5UCPU"→"CPU 参数"→"中断设置"→"恒定周期间隔设置"，会弹出设置界面。在该界面中，将 I28 设置为"1000ms"，如图 5-7 所示。

图 5-7 定时中断配置参数

（2）自加 1 定时中断程序

自加 1 定时中断程序，如图 5-8 所示。

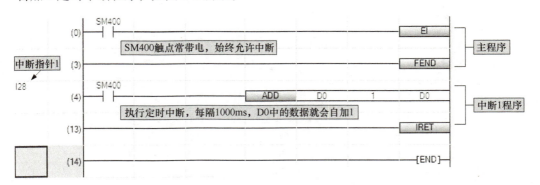

图 5-8 自加 1 定时中断程序

> **编者有料**
>
> 中断程序有一点子程序的意味，但中断程序由操作系统调用，不是由用户程序调用，且不受用户程序的执行时序影响；子程序是由用户程序调用，这是两者区别所在。举个形象的例子，中断程序相当于 VIP 会员，而其余所有的程序包括子程序相当于普通会员，办业务时普通会员需要排队，而 VIP 会员不需要排队。

第 6 章

FX5U PLC 开关量控制程序设计

本章要点

- ◆ 经验设计法及案例
- ◆ 翻译设计法及案例
- ◆ 顺序控制设计法与顺序功能图
- ◆ 起保停电路编程法及案例
- ◆ 置位复位指令编程法及案例
- ◆ 步进指令编程法及案例
- ◆ 位移指令编程法及案例
- ◆ 交通信号灯控制系统的设计

第 6 章 FX5U PLC 开关量控制程序设计

一个完整的 PLC 应用系统,由硬件和软件两部分构成,其中软件程序质量的好坏,直接影响整个控制系统的性能。因此,本书从第 6 章开始,将重点讲解开关量控制程序设计、模拟量控制程序设计、编码器与高速计数器应用案例和定位控制程序设计等。

开关量控制程序设计包括 3 种方法,分别是经验设计法、翻译设计法和顺序控制设计法。

6.1 经验设计法及案例

6.1.1 经验设计法简介

经验设计法顾名思义是一种根据设计者的经验进行设计的方法。该方法需要在一些经典控制程序的基础上,根据被控对象的具体要求,不断地修改和完善梯形图。有时需多次反复调试和修改梯形图,增加一些辅助触点和中间编程元件,最后才能得到一个较为满意的结果。

该方法没有普遍的规律可循,具有很大的试探性和随意性,最后的结果不唯一,设计所用的时间、设计的质量与设计者的经验有很大关系。该方法适用于简单控制方案(如手动程序)的设计。

6.1.2 设计步骤

1)准确了解系统的控制要求,合理确定输入输出端子。

2)根据输入输出关系,表达出程序的关键点。关键点的表达往往通过一些典型的环节,如起保停电路、互锁电路、延时电路等,鉴于这些电路以前已经介绍过,这里不再重复。但需要强调的是,这些典型电路是掌握经验设计法的基础,请读者务必牢记。

3)在完成关键点的基础上,针对系统的最终输出进行梯形图程序的编制,即初步绘出草图。

4)检查完善梯形图程序。在草图的基础上,按梯形图的编制原则检查梯形图,补充遗漏功能,更改错误,合理优化,从而达到最佳的控制要求。

6.1.3 应用举例

1. 控制要求

送料小车的自动控制示意图,如图 6-1 所示。送料小车首先在轨道的最左端,左限位开关 SQ1 压合,小车装料,25s 后小车装料结束并右行;当小车碰到右限位开关 SQ2 后,停止右行并停下来卸料,20s 后卸料完毕并左行;当再次碰到左限位开关 SQ1 小车停止左行,并停下来装料。小车总是按"装料→右行→卸料→左行"模式循环工作,直到按下停止开关,才停止整个工作过程。

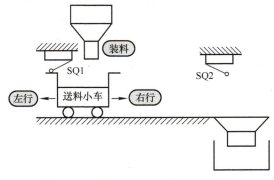

图 6-1 送料小车的自动控制示意图

2. 设计过程

（1）确定 I/O 端子

明确控制要求后，确定 I/O 端子，见表 6-1。

表 6-1 送料小车的自动控制 I/O 分配

输入量		输出量	
左行起动按钮	X0	左行	Y0
右行起动按钮	X1	右行	Y1
停止按钮	X2	装料	Y2
左限位	X3	卸料	Y3
右限位	X4		

（2）关键点确定

由小车运动过程可知，小车左行、右行由电动机的正反转实现，在此基础上增加了装料、卸料环节，所以该控制属于简单控制，因此用起保停电路就可解决。

（3）编制并完善梯形图

1）梯形图设计思路。

① 绘出具有双重互锁的正反转控制梯形图。

② 为实现小车自动起动，将控制装料、卸料定时器的常开触点分别与右行、左行起动按钮常开触点并联。

③ 为实现小车自动停止，分别在左行、右行电路中串入左、右限位的常闭触点。

④ 为实现自动装、卸料，在小车左行、右行结束时，用左、右限常开触点作为装料、卸料的起动信号。

编制完成的梯形图如图 6-2 所示。

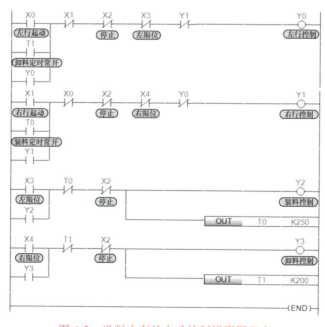

图 6-2 送料小车的自动控制梯形图程序

2）小车自动控制梯形图解析，如图 6-3 所示。

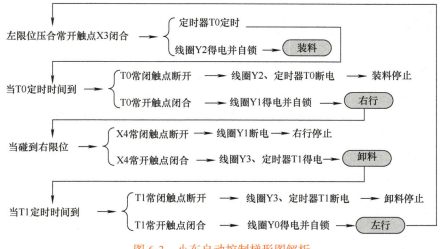

图 6-3　小车自动控制梯形图解析

6.2　翻译设计法及案例

6.2.1　翻译设计法简介

PLC 使用与继电器 – 接触器电路极为相似的语言，如果将继电器 – 接触器控制改为 PLC 控制，根据继电器 – 接触器电路图设计梯形图是一条捷径。因为原有的继电器 – 接触器控制系统经长期的使用和考验，已有一套自己的完整方案。鉴于继电器 – 接触器电路图与梯形图有很多相似之处，因此可以将经过验证的继电器 – 接触器电路直接转换为梯形图，这种方法被称为翻译设计法。

该方法的使用一般不需要改变控制面板，保持了系统的原有外部特征，操作人员不需改变原有的操作习惯，给操作人员带来了极大的方便。

继电器 – 接触器电路符号与梯形图电路符号对应情况，见表 6-2。

表 6-2　继电器 – 接触器电路符号与梯形图电路符号对应表

梯形图电路			继电器电路	
元件	符号	常用地址	元件	符号
常开触点	─┤ ├─	X、Y、M、T、C	按钮、接触器、时间继电器、中间继电器的常开触点	
常闭触点	─┤/├─	X、Y、M、T、C	按钮、接触器、时间继电器、中间继电器的常闭触点	
线圈	─○─	Y、M	接触器、中间继电器线圈	
定时器	OUT T0 K0	T	时间继电器	

> **编者有料**
> 表 6-2 是翻译设计法的关键，请读者熟记此对应关系。

6.2.2 设计步骤

1）了解原系统的工艺要求，熟悉继电器-接触器电路图。

2）确定 PLC 的输入信号和输出负载，以及与它们对应的梯形图中的输入位和输出位的地址，画出 PLC 外部接线图。

3）将继电器-接触器电路图中的时间继电器、中间继电器用 PLC 的辅助继电器、定时器代替，并赋予它们相应的地址。以上两步建立了继电器-接触器电路元件与梯形图编程元件的对应关系，继电器-接触器电路符号与梯形图电路符号的对应情况，见表 6-2。

4）根据上述关系画出全部梯形图，并予以简化和修改。

6.2.3 使用翻译法的几点注意事项

1. 应遵守梯形图的语法规则

在继电器-接触器电路中触点可以在线圈的左边，也可以在线圈的右边，但在梯形图中，线圈必须在最右边，如图 6-4 所示。

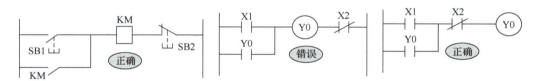

图 6-4 继电器-接触器电路与梯形图书写语法对照

2. 设置中间单元

在梯形图中，若多个线圈受某一触点串、并联电路控制，为了简化电路，可设置辅助继电器作为中间编程元件，如图 6-5 所示。

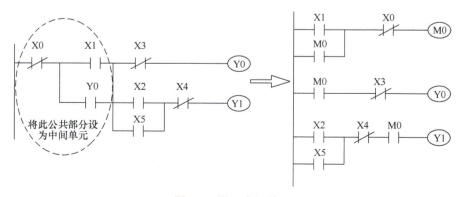

图 6-5 设置中间单元

3. 尽量减少 I/O 点数

PLC 的价格与 I/O 点数有关，减少 I/O 点数可以降低成本，减少 I/O 点数具体措施如下：

1）几个常闭串联或常开并联的触点可合并后与 PLC 相连，只占一个输入点，如图 6-6 所示。

> **重点提示**
>
> 图 6-7 给出了手动自动的一种处理方案，值得读者学习，在工程中经常可见到这种方案。值得说明的是，此方案只适用继电器输出型的 PLC，晶体管输出型的 PLC 采取这种手动自动方案可能会造成反向击穿，从而损坏 PLC。

2）利用单按钮起停电路，使起停控制只通过一个按钮来实现，既可节省 PLC 的 I/O 点数，又可减少按钮和接线。

3）系统某些输入信号功能简单、涉及面窄，没有必要作为 PLC 的输入，可将其设置在 PLC 外部硬件电路中，如热继电器的常闭触点 FR 等，如图 6-7 所示。

4）通断状态完全相同的两个负载，可将其并联后共用一个输出点，如图 6-7 中的 KA3 和 HR。

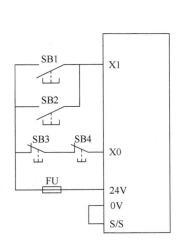

图 6-6　输入元件的合并

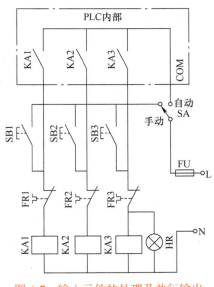

图 6-7　输入元件的处理及并行输出

4. 设置连锁电路

为了防止接触器相间短路，可以在软件和硬件上设置互锁电路，如正反转控制，如图 6-8 所示。

> **编者有料**
>
> 硬件互锁和软件互锁必须同时设置，有时一些初入行业的工程师仅仅设置软件互锁，由于 PLC 扫描周期非常快，同样会造成相间短路，这点实际工程设计中务必注意。

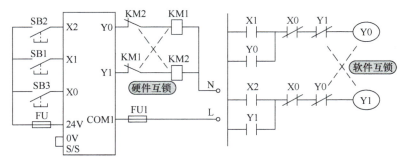

图 6-8 设置连锁电路

5. 外部负载额定电压

PLC 的两种输出模块（继电器输出模块、双向晶闸管模块）只能驱动额定电压最高为 AC220V 的负载，若原系统中的接触器线圈为 AC380V，应将其改成线圈为 AC220V 的接触器或者设置外部中间继电器。

6.2.4 应用举例——延边三角形减压起动

设计过程：

1）了解原系统的工艺要求，熟悉继电器电路图。延边三角形起动是一种特殊的减压起动的方法，其电动机为 9 个头的异步电动机，控制原理如图 6-9 所示。在图中，合上空气开关 QF，当按下起动按钮 SB3 或 SB4 时，接触器 KM1、KM3 线圈吸合，其指示灯点亮，电动机为延边三角形减压起动；在 KM1、KM3 吸合的同时，KT 线圈也吸合延时，延时时间到，KT 常闭触点断开，KM3 线圈断电，其指示灯熄灭，KT 常开触点闭合，KM2 线圈得电，其指示灯点亮，电动机三角形联结运行。

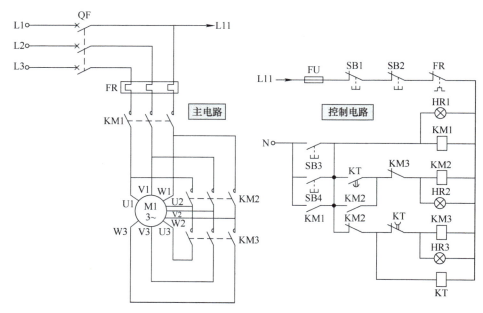

图 6-9 延边三角形控制

2）确定 I/O 点数，并画出外部接线图。I/O 分配见表 6-3，外部接线图如图 6-10 所示。

表 6-3 延边三角形减压起动的 I/O 分配

输入量		输出量	
起动按钮 SB3、SB4	X1	接触器 KM1	Y0
停止按钮 SB1、SB2	X2	接触器 KM2	Y1
热继电器 FR	X0	接触器 KM3	Y2

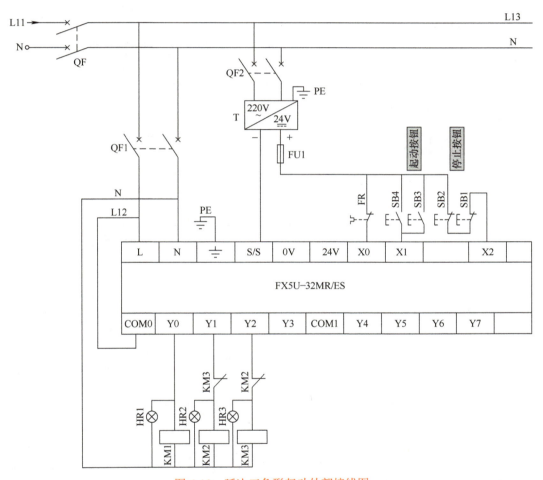

图 6-10 延边三角形起动外部接线图

> **编者有料**
> 将继电器控制改为 PLC 控制，主电路不变，只需将控制电路换成 PLC 控制即可。

3）将继电器电路翻译成梯形图并化简，如图 6-11 所示。

4）案例考察点

① PLC 输入点的节省。遇到两地控制及其类似问题，可将停止按钮 SB1 与 SB2 串联，将起动 SB3 与 SB4 并联后，与 PLC 相连，各自只占用 1 个输入点。

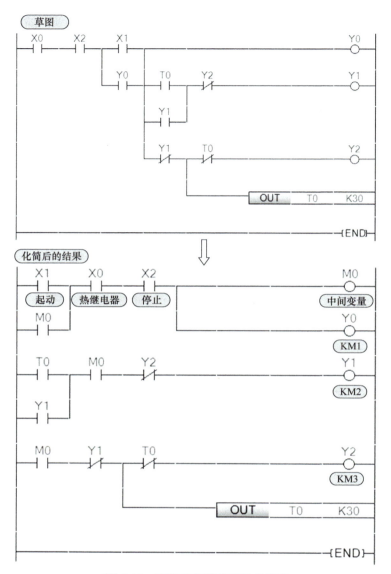

图 6-11 延边三角形减压起动程序

② PLC 输出点的节省。指示灯 HR1～HR3 实际上可以单独占 1 个输出点，为了节省输出点分别将指示灯与各自的接触器线圈并连，只占 1 个输出点。

③ 输入信号常闭触点的处理。前面介绍的梯形图的设计方法，假设的前提是输入信号由常开触点提供，但在实际中，有些信号只能由常闭触点提供，如热继电器常闭点 FR。在继电器电路中，常闭 FR 与接触器线圈串联，FR 受热断开，接触器线圈失电。图 6-10 中接在 PLC 输入端 X0 处 FR 为常闭触点，FR 未受热时，它是闭合状态，因此梯形图中 FR 对应的 X0 应该用成常开触点，由于 PLC 输入端 X0 处 FR 处于闭合状态，此时程序中的常开触点 X0 应处于闭合状态。这样一来，继电器电路图中的 FR 触点与梯形图中的 FR 触点类型恰好相反，这是使用常闭触点输入信号应该注意的。

为了使梯形图与继电器电路中的触点类型一致，对于初学者来说，在编程时建议尽量使用常开触点作为输入信号。如果某信号为常闭触点输入时，可按全部为常开触点来设计梯形图，这样可将继电器电路图直接翻译为梯形图，然后将梯形图中外接常闭触点的输入位常开变常闭，常闭变常开。如本例外部接线图中 FR 改为常开，那么梯形图中与之对应的 X0 为常闭，这样继电器电路图恰好能直接翻译为梯形图。

> **编者有料**
>
> 常闭触点作为输入信号的处理，对于初学者来说，建议设计外部接线图时，统一设计成常开触点。在将继电器控制电路转化为梯形图时，继电器控制电路中是常开，转化成梯形图时也是常开；继电器控制电路中是常闭，转化成梯形图时也是常闭，对于初学者这样理解非常方便。
>
> 上述这样设计有一个弊端，对于急停按钮等元件来说，继电器控制时一般都用成常闭触点，而 PLC 外部接线图用成常开触点，一旦断线，由于是用成常开触点平时这一故障表现不出来，一旦出现故障将会造成严重后果，因此实际工程中设计 PLC 控制系统时，对于急停按钮、限位开关等建议用成常闭触点。

6.3 顺序控制设计法与顺序功能图

6.3.1 顺序控制设计法

1. 顺序控制设计法简介

采用经验设计法设计梯形图程序时，由于其本身没有一套固定的方法可循，且在设计过程中又存在着较大的试探性和随意性，给一些复杂程序的设计带来了很大的困难。即使勉强设计出来了，对于程序的可读性、时间的花费和设计结果来说，也不尽人意。鉴于此，本节将介绍一种有规律且比较通用的方法——顺序控制设计法。

顺序控制设计法是指按照生产工艺预先规定顺序，在各输入信号作用下，根据内部状态和时间顺序，使生产过程各个执行机构自动有秩序地进行操作的一种方法。该方法是一种比较简单且先进的方法，很容易被初学者接受，对于有经验的工程师来说，也会提高设计效率，对于程序的调试和修改来说也非常方便，可读性很高。

2. 顺序控制设计法基本步骤

使用顺序控制设计法时，其基本步骤为：首先进行 I/O 分配；其次根据控制系统的工艺要求，绘制顺序功能图；最后，根据顺序功能图设计梯形图。其中在顺序功能图的绘制中，往往是根据控制系统的工艺要求，将生产过程的一个周期划分为若干个顺序相连的阶段，每个阶段都对应顺序功能图的一步。

3. 顺序控制设计法分类

顺序控制设计法大致可分为起保停电路编程法、置位复位指令编程法、步进指令编程法和位移指令编程法。本章将根据顺序功能图的基本结构的不同，对以上四种方法进行详细讲解。

使用顺序控制设计法时，绘制顺序功能图是关键，因此下面对顺序功能图进行详细介绍。

6.3.2 顺序功能图简介

1. 顺序功能图的组成要素

顺序功能图是一种图形语言，用来编制顺序控制程序。在 IEC 的 PLC 编程语言标准（IEC 61131-3）中，顺序功能图被确定为 PLC 位居首位的编程语言。在编写程序的时候，往往根据控制系统的工艺过程，先画出顺序功能图，然后再根据顺序功能图写出梯形图。顺序功能图主要由步、有向连线、转换、转换条件和动作（或命令）这五大要素组成，如图 6-12 所示。

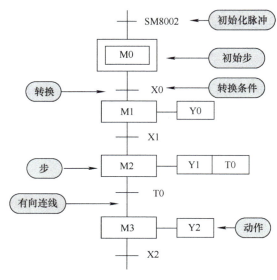

图 6-12 顺序功能图

（1）步

步就是将系统的一个周期划分为若干个顺序相连的阶段，这些阶段就叫步。步是根据输出量的状态变化来划分的，通常用编程元件代表，编程元件是指辅助继电器 M 和步进继电器 S。步通常涉及以下几个概念：

1）初始步。其一般在顺序功能图的最顶端，与系统的初始化有关，通常用双方框表示，注意每一个顺序功能图中至少有一个初始步，初始步一般由初始化脉冲 SM8002 或 SM402 激活。

2）活动步。系统所处的当前步为活动状态，就称该步为活动步。当步处于活动状态时，相应的动作被执行，步处于不活动状态，相应的非记忆性动作被停止。

3）前级步和后续步。前级步和后续步是相对的，如图 6-13 所示。对于步 M2 来说，步 M1 是它的前级步，步 M3 是它的后续步；对于步 M1 来说，步 M2 是它的后续步，步 M0 是它的前级步；需要指出，一个顺序功能图中可能存在多个前级步和多个后续步，例如步 M0 就有两个后续步，分别为步 M1 和步 M4；步 M7 也有两个前级步，分别为步 M3 和步 M6。

（2）有向连线

即连接步与步之间的连线，有向连线规定了活动步的进展路径与方向。通常规定有向连线的方向从左到右或从上到下箭头可省，从右到左或从下到上箭头一定不可省，如图 6-13 所示。

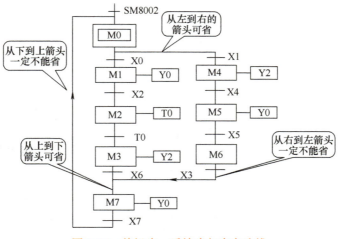

图 6-13 前级步、后续步与有向连线

（3）转换

转换用一条与有向连线垂直的短划线表示，转换将相邻的两步分隔开。步的活动状态的进展是由转换的实现来完成，并与控制过程的发展相对应。

（4）转换条件

转换条件就是系统从上一步跳到下一步的信号。转换条件可以由外部信号提供，也可由内部信号提供。外部信号如按钮、传感器、接近开关、光电开关的通断信号等；内部信号如定时器和计数器常开触点的通断信号等。转换条件可以用文字语言、布尔代数表达式或图形符号标注在表示转换的短划线旁，使用较多的是布尔代数表达式，如图 6-14 所示。

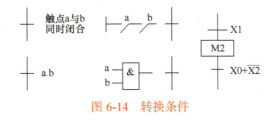

图 6-14 转换条件

（5）动作

被控系统每一个需要执行的任务或者是施控系统每一要发出的命令都叫动作。注意动作是指最终的执行线圈或定时器计数器等，一步中可能有一个动作或几个动作。通常动作用矩形框表示，矩形框内标有文字或符号，矩形框用相应的步符号相连。需要指出的是，涉及多个动作时，处理方案如图 6-15 所示。

图 6-15 多个动作的处理方案

2. 顺序功能图的基本结构

（1）单序列

所谓的单序列就是指没有分支和合并，步与步之间只有一个转换，每个转换两端仅有一个步，如图6-16a所示。

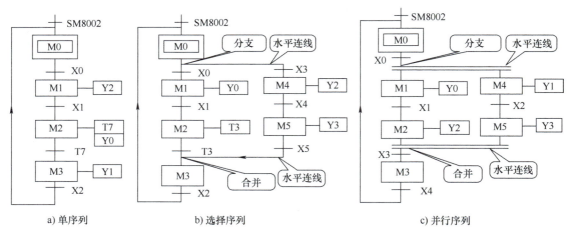

a) 单序列　　　　b) 选择序列　　　　c) 并行序列

图6-16　顺序功能图的基本结构

（2）选择序列

选择序列既有分支又有合并，选择序列的开始叫分支，选择序列的结束叫合并，如图6-16b所示。在选择序列的开始，转换符号只能标在水平连线之下，如X0、X3对应的转换就标在水平连线之下；选择序列的结束，转换符号只能标在水平连线之上，如T3、X5对应的转换就标在水平连线之上。当步M0为活动步，并且转换条件X0 = 1，则发生由步M0→步M1的跳转；当步M0为活动步，并且转换条件X3 = 1，则发生由步M0→步M4的跳转；当步M2为活动步，并且转换条件T3 = 1，则发生由步M2→步M3的跳转；当步M5为活动步，并且转换条件X5 = 1，则发生由步M5→步M3的跳转。

需要指出，在选择程序中，某一步可能存在多个前级步或后续步，如步M0就有两个后续步M1、M4，步M3就有两个前级步M2、M5。

（3）并行序列

并行序列用来表示系统的几个同时工作的独立部分的工作情况，如图6-16c所示。并行序列的开始叫分支，当转换满足的情况下，导致几个序列同时被激活，为了强调转换的同步实现，水平连线用双线表示，且水平双线之上只有一个转换条件，如步M0为活动步，并且转换条件X0 = 1时，步M1、M4同时变为活动步，步M0变为不活动步，水平双线之上只有转换条件X0。并行序列的结束叫合并，当直接连在双线上的所有前级步M2、M5为活动步，并且转换条件X3 = 1，才会发生步M2、M5→步M3的跳转，即步M2、M5为不活动步，步M3为活动步，在同步双水平线之下只有一个转换条件X3。

3. 梯形图中转换实现的基本原则

（1）转换实现的基本条件

在顺序功能图中，步的活动状态的进展是由转换的实现来完成的。转换的实现必须同时满

足两个条件，即

1）该转换的所有前级步都为活动步。

2）相应的转换条件得到满足。

以上两个条件缺一不可，若转换的前级步或后续步不止一个时，转换的实现称为同时实现，为了强调同时实现，有向连线的水平部分用双线表示。

（2）转换实现完成的操作

1）使所有由有向连线与相应转换符号连接的后续步都变为活动步。

2）使所有由有向连线与相应转换符号连接的前级步都变为不活动步。

> **编者有料**
>
> 1）转换实现的基本原则口诀。转换实现的基本条件和转换完成的基本操作，可简要的概括为：当前级步为活动步，满足转换条件，程序立即跳转到下一步；当后续步为活动步时，前级步停止。
>
> 2）转换实现的基本原则是根据顺序功能图设计梯形图的基础，它适用于顺序功能图中的各种结构和各种顺序控制梯形图的编程方法。

4. 绘制顺序功能图时的注意事项

1）两步绝对不能直接相连，必须用一个转换将其隔开。

2）两个转换也不能直接相连，必须用一个步将其隔开。

以上两条是判断顺序功能图绘制正确与否的依据。

3）顺序功能图中初始步必不可少，它一般对应于系统等待起动的初始状态，这一步可能没有什么动作执行，因此很容易被遗忘。若无此步，则无法进入初始状态，系统也无法返回停止状态。

4）自动控制系统应能多次重复执行同一工艺过程，因此在顺序功能图中一般应有由步和有向连线组成的闭环，即在完成一次工艺过程的全部操作后，应从最后一步返回到初始步，系统停留在初始步（单周期操作），如图6-17所示。在执行连续循环工作方式时，应从最后一步返回下一周期开始运行的第一步。

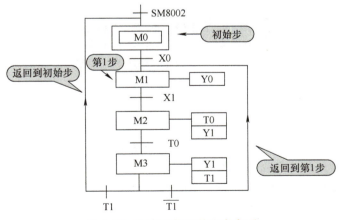

图6-17　顺序功能图的注意事项

6.4 起保停电路编程法及案例

> **方法点拨**
>
> 起保停电路编程法，其中间编程元件为辅助继电器 M，在梯形图中，为了实现当前级步为活动步且满足转换条件成立时，才进行步的转换，总是将代表前级步的辅助继电器的常开触点与对应的转换条件触点串联，作为激活后续步辅助继电器的起动条件；当后续步被激活，对应的前级步停止，所以用代表后续步的辅助继电器的常闭触点与前级步的电路串联作为停止条件。

6.4.1 单序列编程

扫一扫，看视频

1. 单序列顺序功能图与梯形图的对应关系

单序列顺序功能图与梯形图的对应关系，如图 6-18 所示。在图 6-18 中，步 Mi−1、Mi、Mi+1 是顺序功能图中连续 3 步。Xi，Xi+1 为转换条件。对于步 Mi 来说，它的前级步为步 Mi−1，转换条件为 Xi，因此 Mi 的起动条件为辅助继电器的常开触点 Mi−1 与转换条件常开触点 Xi 的串联组合；对于步 Mi 来说，它的后续步为步 Mi+1，因此 Mi 的停止条件为 Mi+1 的常闭触点。

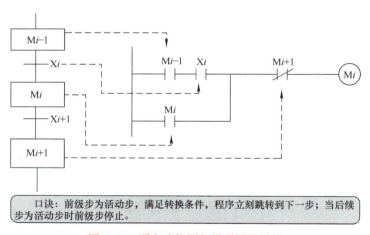

口诀：前级步为活动步，满足转换条件，程序立刻跳转到下一步；当后续步为活动步时前级步停止。

图 6-18 顺序功能图与梯形图的转化

2. 应用举例——冲床运动控制

（1）控制要求

如图 6-19 所示为某冲床的运动示意图。初始状态机械手在最左边，左限位 SQ1 压合，机械手处于放松状态（机械手的放松与夹紧受电磁阀控制，松开电磁阀失电，夹紧电磁阀得电），冲头在最上面，上限位 SQ2 压合；当按下起动按钮 SB 时，机械手夹紧工件并保持，3s 后机械手右行，当碰到右限位 SQ3 后，机械手停止运动，同时冲头下行；当碰到下限位 SQ4 后，冲头上行；冲头碰到上限位 SQ2 后，停止运动，同时机械手左行；当机械手碰到左限位 SQ1 后，机械手放松,延时 4s 后,系统返回到初始状态。

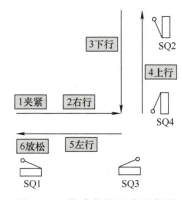

图 6-19 某冲床的运动示意图

(2)程序设计

1)根据控制要求,进行 I/O 分配,见表 6-4。

表 6-4 冲床运动控制的 I/O 分配

输入量		输出量	
起动按钮 SB	X0	机械手电磁阀	Y0
左限位 SQ1	X1	机械手左行	Y1
右限位 SQ3	X2	机械手右行	Y2
上限位 SQ2	X3	冲头上行	Y3
下限位 SQ4	X4	冲头下行	Y4

2)根据控制要求,绘制顺序功能图,如图 6-20 所示。

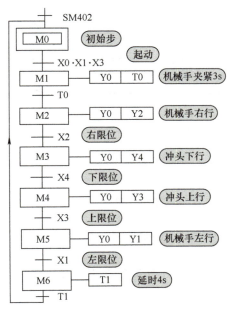

图 6-20 某冲床控制的顺序功能图

3）将顺序功能图转化为梯形图，如图 6-21 所示。

4）冲床控制顺序功能图转化梯形图过程分析。

以步 M0 为例，介绍顺序功能图转化为梯形图的过程。从图 6-20 所示顺序功能图中不难看出，M0 的一个起动条件为 M6 的常开触点和转换条件 T1 的常开触点组成的串联电路；此外 PLC 刚运行时，应将初始步 M0 激活，否则系统无法工作，所以初始化脉冲 SM402 为 M0 的另一个起动条件，这两个起动条件是或的关系，因此并联。为了保证活动状态能持续到下一步活动为止，还需并上 M0 的自锁触点。当 M0、X0、X1、X3 的常开触点同时为 1 时，步 M1 变为活动步，步 M0 变为不活动步，因此将 M1 的常闭触点串入 M0 的回路中作为停止条件。此后步 M1～M6 梯形图的转换与步 M0 梯形图的转换一致。

对于顺序功能图转化为梯形图时输出电路的处理方法，分以下两种情况讨论：

① 某一输出量仅在某一步中为接通状态，这时可以将输出量线圈与辅助继电器线圈直接并联，也可以用辅助继电器的常开触点与输出量线圈串联。在图 6-20 中，Y1、Y2、Y3、Y4 分别仅在步 M5、M2、M4、M3 出现一次，因此将 Y1、Y2、Y3、Y4 的线圈分别与 M5、M2、M4、M3 的线圈直接并联。

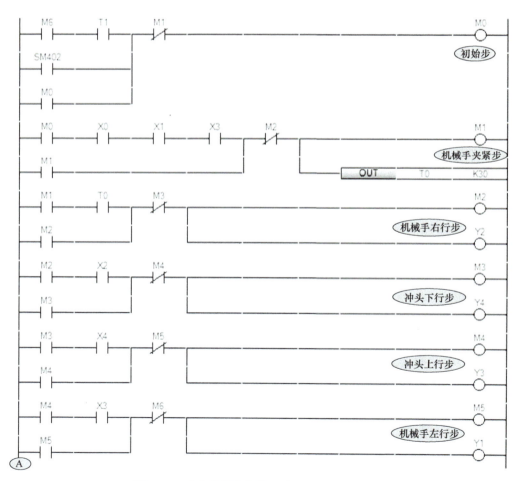

图 6-21　冲床控制起保停电路编程法梯形图程序

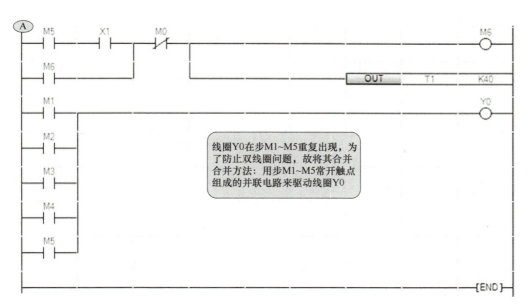

图 6-21　冲床控制起保停电路编程法梯形图程序（续）

② 某一输出量在多步中都为接通状态，为了避免双线圈问题，将代表各步的辅助继电器的常开触点并联后，驱动该输出量线圈。在图 6-20 中，线圈 Y0 在步 M1～M5 这 5 步均接通了，为了避免双线圈输出，所以用辅助继电器 M1～M5 的常开触点组成的并联电路来驱动线圈 Y0。

5）冲床控制梯形图程序解析，如图 6-22 所示。

> **编者有料**
>
> 1）在使用起保停电路编程时，要注意最后一步的常开触点与转换条件的常开触点组成的串联电路、初始化脉冲、触点自锁这三者的并联问题。
>
> 2）在使用起保停电路编程时，要注意某一输出量仅出现一次时，可以将它的线圈与辅助继电器的线圈并联，也可以用辅助继电器的常开触点来驱动该输出量线圈，采用与辅助继电器线圈并联的方式比较节省网络。
>
> 3）在使用起保停电路编程时，如果出现双线圈问题，务必合并双线圈，否则程序无法正常运行；采取合并的措施为用 M 常开触点组成的并联电路来驱动输出量线圈。

6.4.2　选择序列编程

选择序列顺序功能图转化为梯形图的关键点在于分支处和合并处程序的处理，其余部分与单序列的处理方法一致。

1. 分支处编程

若某步后有一个由 N 条分支组成的选择程序，该步可能转换到不同的 N 步去，则应将这 N 个后续步对应的辅助继电器的常闭触点与该步线圈串联，作为该步的停止条件。分支序列顺序功能图与梯形图的转化，如图 6-23 所示。

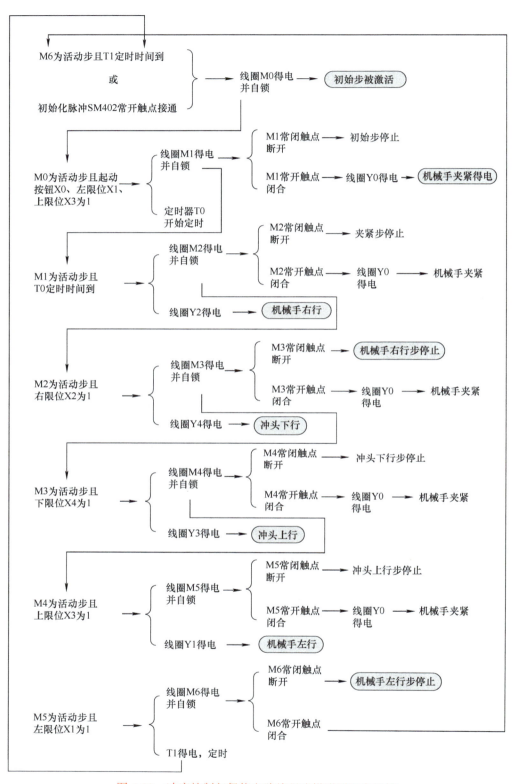

图 6-22 冲床控制起保停电路编程法梯形图程序解析

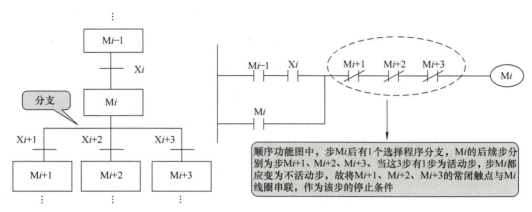

图 6-23　分支序列顺序功能图与梯形图的转化

2. 合并处编程

对于选择程序的合并，若某步之前有 N 个转换，即有 N 条分支进入该步，则控制代表该步的辅助继电器的起动电路由 N 条支路并联而成，每条支路都由前级步辅助继电器的常开触点与转换条件的触点构成的串联电路组成。合并序列顺序功能图与梯形图的转化，如图 6-24 所示。

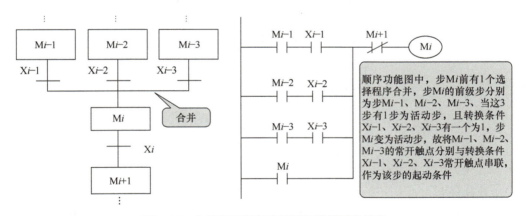

图 6-24　合并序列顺序功能图与梯形图的转化

特别地，当某顺序功能图中含有仅由两步构成的小闭环时，需要进行特别处理。例如，在图 6-25 中，当步 M5 为活动步且转换条件 X10 接通时，线圈 M4 本来应该接通，但此时与线圈 M4 串联的 M5 常闭触点为断开状态，故线圈 M4 无法接通。出现这样问题的原因在于步 M5 既是步 M4 的前级步，又是步 M4 的后续步。在处理这种情况时，可在小闭环中增设步 M10，如图 6-26 所示。步 M10 在这里只起到过渡作用，延时时间很短（一般说来应取延时时间在 0.1s 以下），对系统的运行无任何影响。

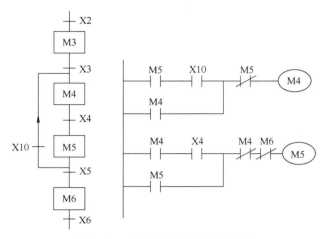

图 6-25　仅由两步组成的小闭环

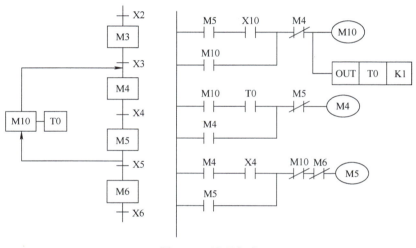

图 6-26　处理方法

3. 应用举例——信号灯控制

（1）控制要求

按下起动按钮 SB1，红、绿、黄三只小灯每隔 10s 循环点亮，若选择开关在 1 位置，小灯只执行一个循环；若选择开关在 0 位置，小灯不停地执行"红→绿→黄"循环。

按下停止按钮 SB2，小灯停止循环点亮。

（2）程序设计

1）根据控制要求，进行 I/O 分配，见表 6-5。

表 6-5　信号灯控制的 I/O 分配

输入量		输出量	
起动按钮 SB1	X0	红灯	Y0
选择开关	X1	绿灯	Y1
停止按钮 SB2	X2	黄灯	Y2

2）根据控制要求，绘制顺序功能图，如图6-27所示。

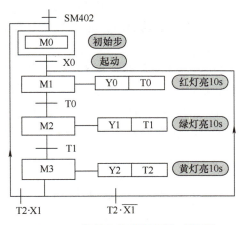

图6-27　信号灯控制的顺序功能图

3）将顺序功能图转化为梯形图，如图6-28所示。

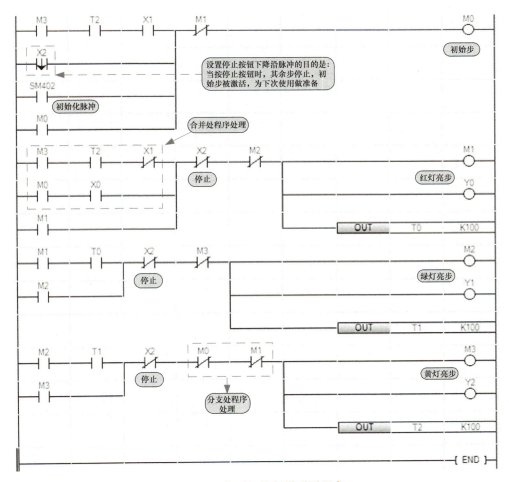

图6-28　信号灯控制梯形图程序

4）信号灯控制顺序功能图转化梯形图过程分析。

① 选择序列分支处的处理方法：在图 6-27 中步 M3 之后有一个选择序列的分支，设步 M3 为活动步，当它的后续步 M0 或 M1 为活动步时，它应变为不活动步，故图 6-28 梯形图中将 M0 和 M1 的常闭触点与 M3 的线圈串联。

② 选择序列合并处的处理方法：在图 6-27 中步 M1 之前有一个选择序列的合并，当步 M0 为活动步且转换条件 X0 满足或步 M3 为活动步且转换条件 $T2 \cdot \overline{X1}$ 满足，步 M1 应变为活动步，即 M1 的起动条件为 $M0 \cdot X0 + M3 \cdot T2 \cdot \overline{X1}$，对应的起动电路由两条并联分支组成，并联支路分别由 M0、X0 和 M3、$T2 \cdot \overline{X1}$ 的触点串联组成。

6.4.3 并行序列编程

并行序列顺序功能图与梯形图的转化，如图 6-29 所示。

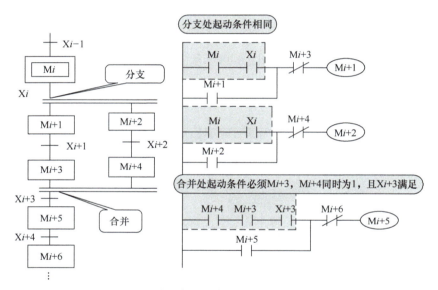

图 6-29 并行序列顺序功能图转化为梯形图

1. 分支处编程

若并行程序某步后有 N 条并行分支，且转换条件满足，则并行分支的第一步同时被激活。这些并行分支的第一步的起动条件均相同，都是前级步的常开触点与转换条件的常开触点组成的串联电路，不同的是各个并行分支的停止条件。串入各自后续步的常闭触点作为停止条件。

2. 合并处编程

对于并行程序的合并，若某步之前有 N 分支，即有 N 条分支进入该步，则并行分支的最后一步同时为 1，且转换条件满足，方能完成合并。因此合并处的启动电路为所有并行分支最后一步的常开触点串联和转换条件的常开触点的组合；停止条件仍为后续步的常闭触点。

3. 应用举例——交通信号灯控制

（1）控制要求

按下起动按钮，东西绿灯亮 25s 后闪烁 3s 后熄灭，然后黄灯亮 2s 后熄灭，紧接着红灯亮

30s 后再熄灭,再接着绿灯亮……如此循环;在东西绿灯亮的同时,南北红灯亮 30s,接着绿灯亮 25s 后闪烁 3s 熄灭,然后黄灯亮 2s 后熄灭,红灯亮……如此循环。

(2)程序设计

1)根据控制要求,进行 I/O 分配,见表 6-6。

表 6-6 交通信号灯控制 I/O 分配

输入量		输出量	
起动按钮	X0	东西绿灯	Y0
停止按钮	X1	东西黄灯	Y1
		东西红灯	Y2
		南北绿灯	Y3
		南北黄灯	Y4
		南北红灯	Y5

2)根据控制要求,绘制顺序功能图,如图 6-30 所示。

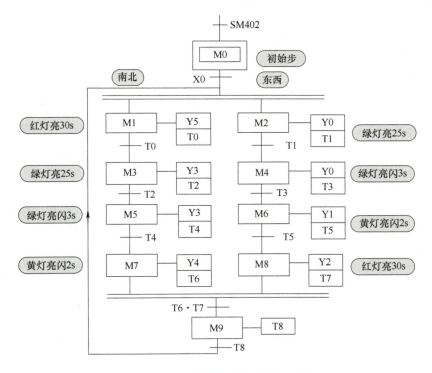

图 6-30 交通信号灯控制顺序功能图

3)将顺序功能图转化为梯形图,如图 6-31 所示。

4)交通信号灯控制顺序功能图转化梯形图过程分析。

① 并行序列分支处的处理方法。在图 6-30 中步 M0 之后各有一个并行序列的分支,设

步 M0 为活动步且 X0 为 1 时，则步 M1，M2 同时激活，故 M1、M2 的起动条件相同都为 M0·X0；其停止条件不同，M1 的停止条件为步 M1 需串 M3 的常闭触点，M2 的停止条件为步 M2 需串 M4 的常闭触点。M9 后也有 1 个并行分支，道理与步 M0 相同，这里不再赘述。

② 并行序列合并处的处理方法。在图 6-30 中步 M9 之前有 1 个并行序列的合并，当步 M7、M8 同时为活动步且转换条件 T6·T7 满足，步 M9 应变为活动步，即 M9 的起动条件为 M7·M8·T6·T7，停止条件为步 M9 中应串入 M1 和 M2 的常闭触点。这里的 M9 比较特殊，它既是并行分支又是并行合并，故起动和停止条件有些特别。需要指出的是，步 M9 本应没有，出于编程方便考虑，设置此步，T8 的时间非常短，仅为 0.1s，因此不影响程序的整体效果。

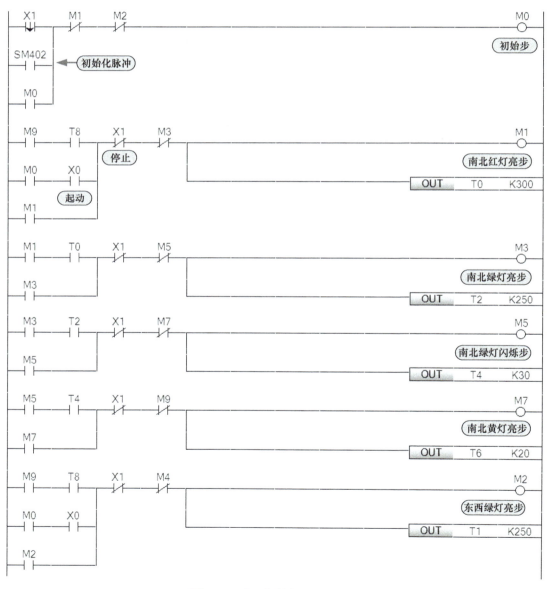

图 6-31　交通灯控制梯形图程序

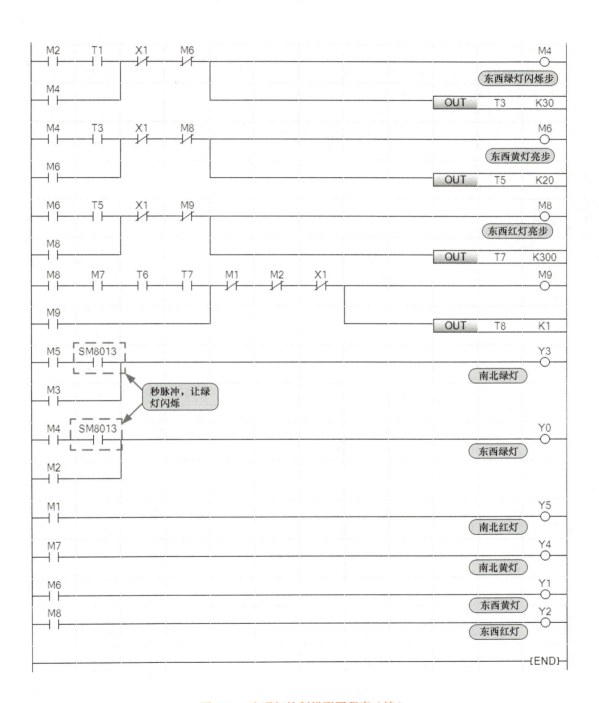

图 6-31　交通灯控制梯形图程序（续）

6.5 置位复位指令编程法及案例

> **方法点拨**
>
> 置位复位指令编程法，其中间编程元件仍为辅助继电器 M，当前级步为活动步且满足转换条件的情况下，后续步被置位，同时前级步被复位。
>
> 需要说明的，置位复位指令也称以转换为中心的编程法，其中有一个转换就对应有一个置位复位电路块，有多少个转换就有多少个这样的电路块。

6.5.1 单序列编程

扫一扫，看视频

1. 单序列顺序功能图与梯形图的对应关系

单序列顺序功能图与梯形图的对应关系，如图 6-32 所示。在图 6-32 中，当步 $Mi-1$ 为活动步，且转换条件 Xi 满足，Mi 被置位，同时 $Mi-1$ 被复位，因此将 $Mi-1$ 和 Xi 的常开触点组成的串联电路作为步 Mi 的起动条件，同时它又作为步 $Mi-1$ 的停止条件。这里只有一个转换条件 Xi，故仅有一个置位复位电路块。

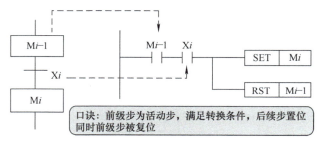

图 6-32 置位复位指令顺序功能图与梯形图的转化

需要说明的是，输出继电器 Y 线圈不能与 SET、RST 并联，原因在于 Mi 与 Xi 常开触点组成的串联电路接通时间很短，当转换条件满足后，前级步立即复位，而输出继电器至少应在某步为活动步的全部时间内接通。处理方法为用所需步的常开触点驱动输出线圈 Y，如图 6-33 所示。

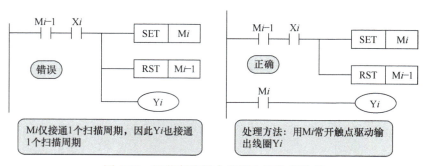

图 6-33 置位复位指令编程方法注意事项

2. 应用举例——小车自动控制

（1）控制要求

如图 6-34 所示，是某小车运动的示意图。设小车初始状态停在轨道的中间位置，中限位开关 SQ1 为 1 状态。按下起动按钮 SB1 后，小车左行，当碰到左限位开关 SQ2 后，开始右行；当碰到右限位开关 SQ3 时，停止在该位置，2s 后开始左行；当碰到左限位开关 SQ2 后，小车右行返回初始位置，当碰到中限位开关 SQ1，小车停止运动。

按下停止按钮 SB2，小车运动停止。此外，还需设置手动回原点程序。试设计程序。

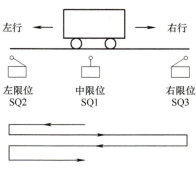

图 6-34　小车运动的示意图

（2）程序设计

1）I/O 分配：根据任务控制要求，对输入/输出量进行 I/O 分配，见表 6-7。

表 6-7　小车自动控制 I/O 分配

输入量		输出量	
中限位 SQ1	X0	左行	Y0
左限位 SQ2	X1	右行	Y1
右限位 SQ3	X2		
起动按钮 SB1	X3		
停止按钮 SB2	X4		
手动左行	X5		
手动右行	X6		

2）根据具体的控制要求绘制顺序功能图，如图 6-35 所示。

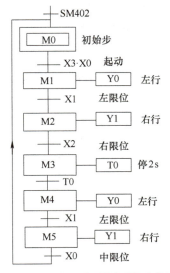

图 6-35　小车自动控制顺序功能图

3）将顺序功能图转化为梯形图，小车自动控制程序，如图 6-36 所示。

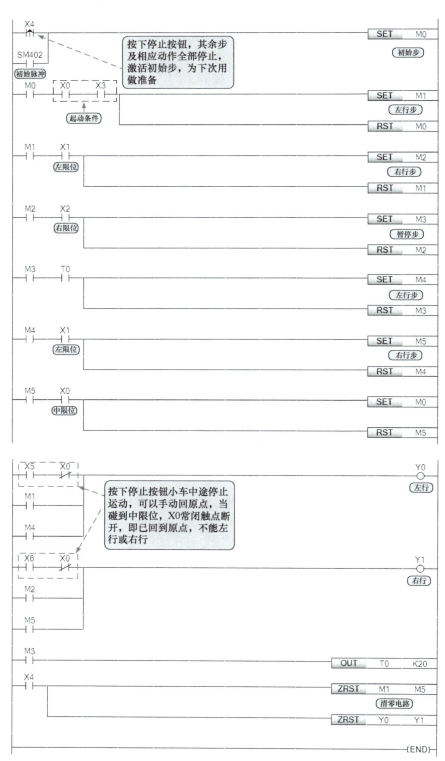

图 6-36　小车自动控制梯形图程序

6.5.2 选择序列编程

选择序列顺序功能图转化为梯形图的关键点在于分支处和合并处程序的处理，置位复位指令编程法的核心是转换，因此选择序列在处理分支处和合并处编程上与单序列的处理方法一致，无须考虑多个前级步和后续步的问题，只考虑转换即可。

应用举例——两种液体混合控制

两种液体混合控制示意图，如图 6-37 所示。

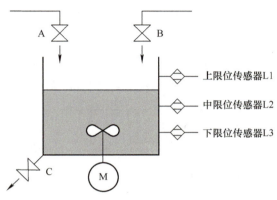

图 6-37　两种液体混合控制示意图

（1）系统控制要求

1）初始状态。容器为空，阀 A～阀 C 均为 OFF，液面传感器 L1、L2、L3 均为 OFF，搅拌电动机 M 为 OFF。

2）起动运行。按下起动按钮后，打开阀 A，注入液体 A；当液面到达 L2（L2 = ON）时，关闭阀 A，打开阀 B，注入 B 液体；当液面到达 L1（L1 = ON）时，关闭阀 B，同时搅拌电动机 M 开始运行搅拌液体，30s 后电动机停止搅拌，阀 C 打开放出混合液体；当液面降至 L3 以下（L1 = L2 = L3 = OFF）时，再过 6s 后，容器放空，阀 C 关闭，打开阀 A，又开始了下一轮的操作。

3）按下停止按钮，系统完成当前工作周期后停在初始状态。

（2）程序设计

1）I/O 分配：根据任务控制要求，对输入 / 输出量进行 I/O 分配，见表 6-8。

表 6-8　两种液体混合控制 I/O 分配

输入量		输出量	
起动	X0	阀 A	Y0
上限位	X1	阀 B	Y1
中限位	X2	阀 C	Y2
下限位	X3	电动机 M	Y3
停止	X4		

2）根据具体的控制要求绘制顺序功能图，如图 6-38 所示。

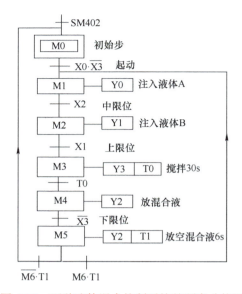

图 6-38 两种液体混合控制系统的顺序功能图

3）将顺序功能图转换为梯形图，如图 6-39 所示。

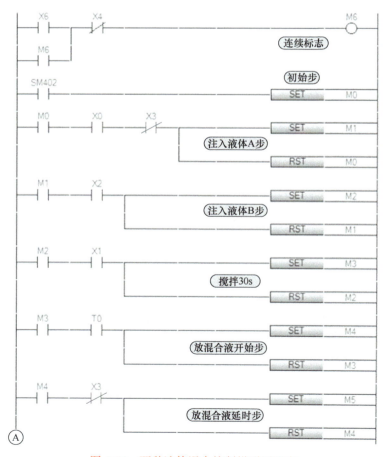

图 6-39 两种液体混合控制梯形图程序

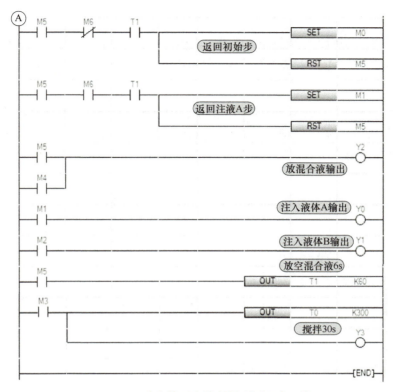

图 6-39 两种液体混合控制梯形图程序(续)

6.5.3 并行序列编程

并行序列顺序功能图与梯形图的转化,如图 6-40 所示。

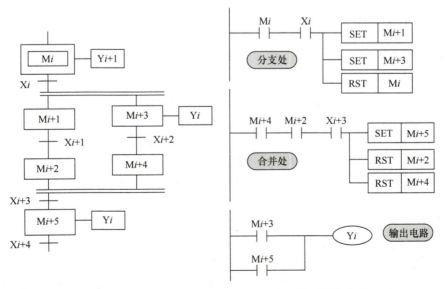

图 6-40 置位复位指令编程法并行序列顺序功能图转化为梯形图

1. 分支处编程

如果某一步 Mi 的后面由 N 条分支组成，当步 Mi 为活动步且满足转换条件后，其后的 N 个后续步同时激活，故 Mi 与转换条件的常开触点串联来置位后 N 步，同时复位 Mi 步。

2. 合并处编程

对于并行程序的合并，若某步之前有 N 分支，即有 N 条分支进入该步，则并行 N 个分支的最后一步同时为 1，且转换条件满足，方能完成合并。因此合并处的 N 个分支最后一步常开触点与转换条件的常开触点串联，置位步 Mi 同时复位步 Mi 所有前级步。

3. 应用举例

将图 6-41 中的顺序功能图转化为梯形图

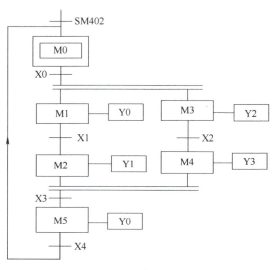

图 6-41 应用举例顺序功能图

将图 6-41 中的顺序功能图转换为梯形图的结果，如图 6-42 所示。

> **重点提示**
>
> 1）使用置位复位指令编程法，当前级步为活动步且满足转换条件的情况下，后续步被置位，同时前级步被复位；对于并行序列来说，分支处有多个后续步，那么这些后续步都同时置位，仅有 1 个前级步复位；合并处有多个前级步，那么这些前级步都同时复位，仅有 1 个后续步置位。
>
> 2）置位复位指令也称以转换为中心的编程法，其中有一个转换就对应有一个置位复位电路块，有多少个转换就有多少个这样的电路块。
>
> 3）输出继电器 Y 线圈不能与 SET、RST 并联，原因在于前级步与转换条件常开触点组成的串联电路接通时间很短，当转换条件满足后，前级步立即复位，而输出继电器至少应在某步为活动步的全部时间内接通。处理方法：用所需步的常开触点驱动输出线圈 Y。

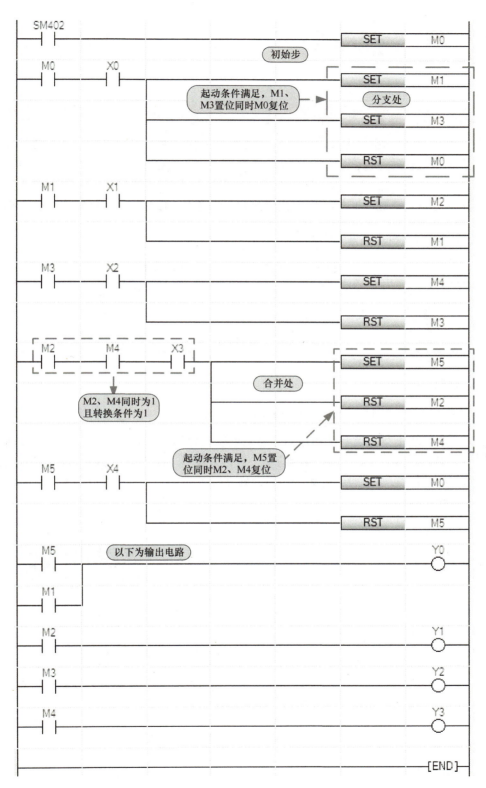

图 6-42 并行序列顺序功能图转化为梯形图

6.6 步进指令编程法及案例

方法点拨

与其他的 PLC 一样，三菱 FX5U PLC 也有一套自己专门的编程法，即步进指令编程法。步进指令编程法通过两条指令实现，这两条指令是步进开始指令 STL 和步进结束指令 RETSTL。

步进指令不能与辅助继电器 M 联用，只能和步进继电器 S 联用才能实现步进功能。

步进指令的指令格式，见表 6-9。

表 6-9 步进指令的指令类型及其功能

名称	功能
步进开始指令 STL	标志步进阶段开始
步进结束指令 RETSTL	标志步进阶段结束

6.6.1 单序列编程

扫一扫，看视频

1. 单序列顺序功能图与梯形图的对应关系

步进指令编程法单序列顺序功能图与梯形图的对应关系，如图 6-43 所示。在图 6-43 中，当步 S_{i-1} 为活动步，其常开触点 S_{i-1} 闭合，线圈 Y_{i-1} 有输出；当转换条件 X_i 满足时，S_i 被置位，即转换到下一步 S_i。对于单序列程序，每步都是这样的结构。

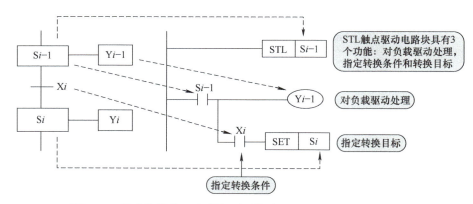

图 6-43 步进指令编程法单序列顺序功能图与梯形图的对应关系

2. 应用举例——小车控制

（1）控制要求

如图 6-44 所示，是某小车运动的示意图。设小车初始状态停在轨道的左边，左限位开关 SQ1 为 1 状态。按下起动按钮 SB1 后，小车右行，当碰到右限位开关 SQ2 后，停止 3s 后左行，当碰到左限位开关 SQ1 时，小车停止。

按下停止按钮 SB2，小车运动停止；小车如果停在中途，需要设有手动回原点程序。根据上述控制要求，试编制程序。

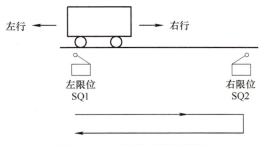

图 6-44　小车运动的示意图

（2）程序设计

1）I/O 分配：根据任务控制要求，对输入 / 输出量进行 I/O 分配，见表 6-10。

表 6-10　小车控制 I/O 分配

输入量		输出量	
左限位 SQ1	X1	左行	Y0
右限位 SQ2	X2	右行	Y1
起动按钮 SB1	X0		
停止按钮 SB2	X4		
手动回原点	X3		

2）根据具体的控制要求绘制顺序功能图，如图 6-45 所示。

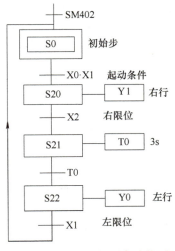

图 6-45　小车控制顺序功能图

3）将顺序功能图转化为梯形图，如图 6-46 所示。

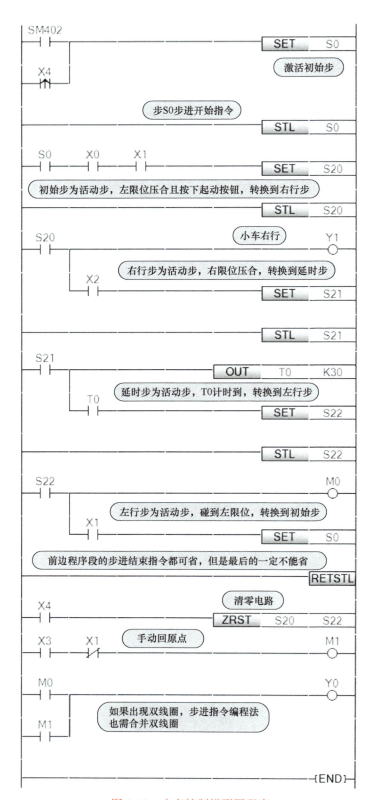

图 6-46　小车控制梯形图程序

6.6.2 选择序列编程

选择序列每个分支的动作由转换条件决定，但每次只能选择一条分支进行转移。

1. 分支处编程

步进指令编程法选择序列分支处顺序功能图与梯形图的对应关系，如图 6-47 所示。

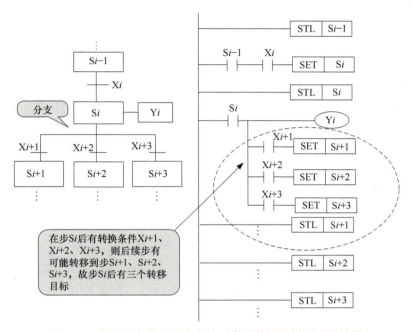

图 6-47 步进指令编程法分支处顺序功能图与梯形图的转化

2. 合并处编程

步进指令编程法选择序列合并处顺序功能图与梯形图的对应关系，如图 6-48 所示。

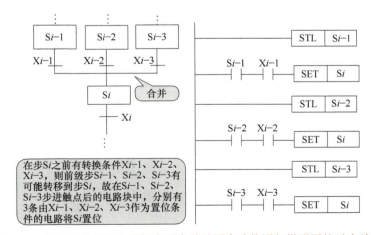

图 6-48 步进指令编程法选择序列合并处顺序功能图与梯形图的对应关系

3. 应用举例——信号灯控制

（1）控制要求

按下起动按钮 SB，红、绿、黄三只小灯每个 10s 循环点亮，若选择开关在 1 位置，小灯只执行一个循环；若选择开关在 0 位置，小灯不停地执行"红→绿→黄"循环。

（2）程序设计

1）根据控制要求，进行 I/O 分配，见表 6-11。

表 6-11 信号灯控制的 I/O 分配

输入量		输出量	
起动按钮 SB	X0	红灯	Y0
选择开关	X1	绿灯	Y1
停止按钮	X2	黄灯	Y2

2）根据控制要求，绘制顺序功能图，如图 6-49 所示。

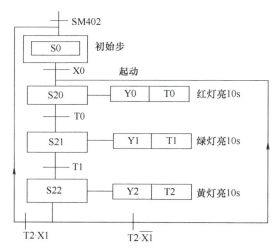

图 6-49 信号灯控制的顺序功能图

3）将顺序功能图转化为梯形图，如图 6-50 所示。

6.6.3 并行序列编程

并行序列用于系统有几个相对独立且同时动作的控制。

1. 分支处编程

并行序列分支处顺序功能图与梯形图的转化，如图 6-51 所示。

2. 合并处编程

并行序列合并处顺序功能图与梯形图的转化，如图 6-51 所示。

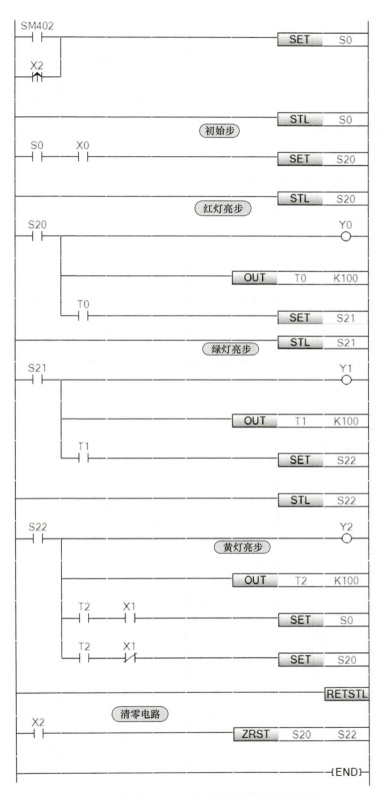

图 6-50 信号灯控制步进指令编程法梯形图程序

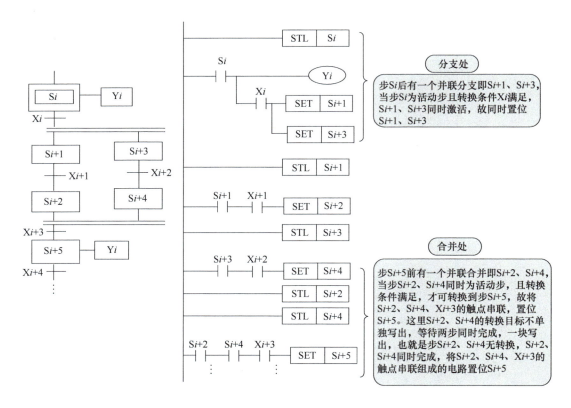

图 6-51 步进指令编程法并行序列顺序功能图与梯形图转化

3. 应用举例

将图 6-52 中的顺序功能图转化为梯形图。

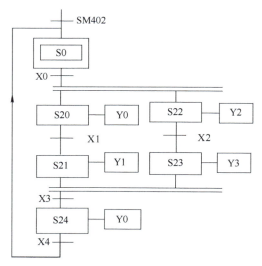

图 6-52 并行序列顺序功能图

将图 6-52 中的顺序功能图转换为梯形图的结果，如图 6-53 所示。

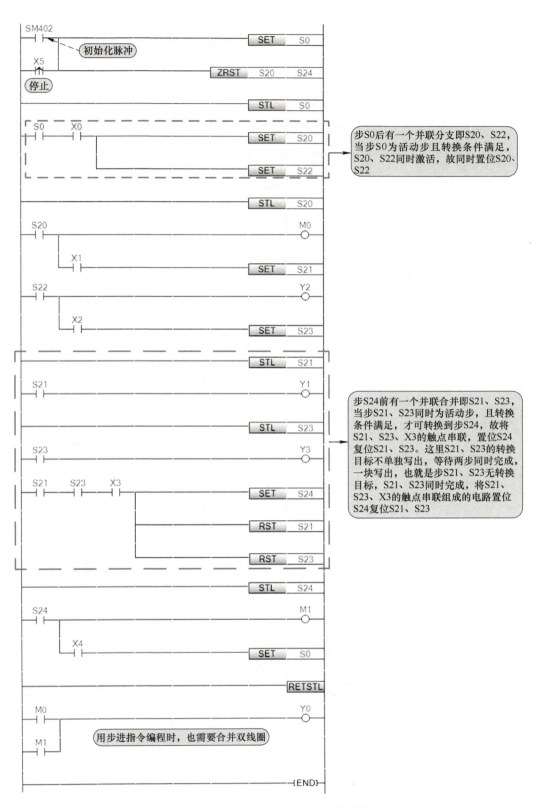

图 6-53 步进指令编程法并行序列梯形图程序

6.7 位移指令编程法及案例

方法点拨

位移指令可分为左位移指令和右位移指令。在单序列顺序功能图中的各步总是顺序通断，且每一时刻只有一步接通，因此可以用位移指令进行编程。使用位移指令，将顺序功能图转化为梯形图时，需完成以下四步：①构造清零电路；②构造初始步激活电路；③构造位移电路；④编写输出电路。

应用举例——小车自动往返控制

（1）控制要求

设小车初始状态停止在最左端，当按下起动按钮小车按图6-54所示的轨迹运动；当再次按下起动按钮，小车又开始了新的一轮运动。

（2）程序设计

1）绘制顺序功能图，如图6-55所示。

扫一扫，看视频

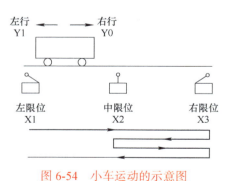

图 6-54　小车运动的示意图

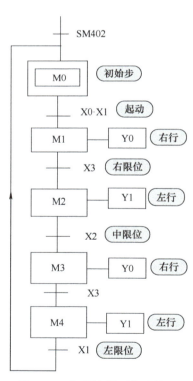

图 6-55　小车控制顺序功能图

2）将顺序功能图转化为梯形图，如图6-56所示。

（3）程序解析

在图6-56的梯形图中，用步M1~M4代表右行、左行、再右行、再左行步。第一行用于程序的初始和每个循环的结束将M0~M4清零；第二行用于激活初始步；第三行左位移指令的输入端有若干个串联电路的并联分支组成，每条电路分支接通位移指令都会左移 1 步；以后是输出电路，某一动作在多步出现，可将各步的辅助继电器的常开触点并联之后驱动输出继电器线圈。

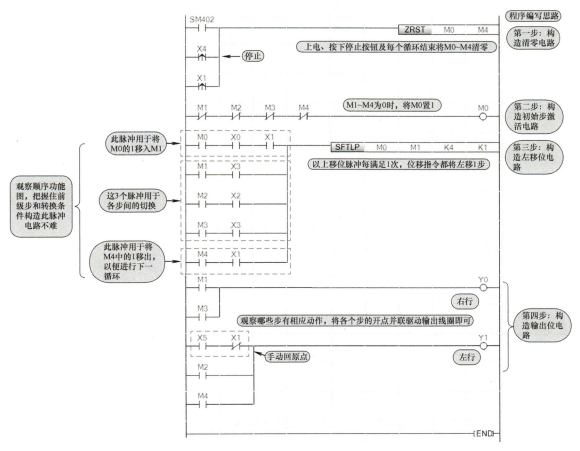

图 6-56 小车运动位移指令编程法梯形图

> **重点提示**
>
> 注意位移指令编程法只适用于单序列程序，对于选择和并行序列程序来说，应该考虑前几节讲的方法。

6.8 交通信号灯控制系统的设计

6.8.1 控制要求

交通信号灯布置如图 6-57 所示。按下起动按钮，东西绿灯亮 25s 后闪烁 3s 后熄灭，然后黄灯亮 2s 后熄灭，紧接着红灯亮 30s 后再熄灭，再接着绿灯亮……如此循环；在东西绿灯亮的同时，南北红灯亮 30s，接着绿灯亮 25s 后闪烁 3s 熄灭，然后黄灯亮 2s 后熄灭，红灯亮……如此循环，具体见表 6-12。

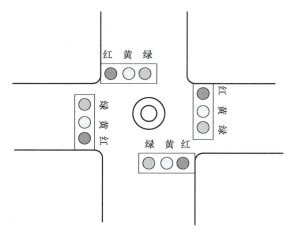

图 6-57 交通信号灯布置图

表 6-12 交通信号灯工作情况

东西	绿灯	绿闪	黄灯	红灯		
	25s	3s	2s	30s		
南北	红灯			绿灯	绿闪	黄灯
	30s			25s	3s	2s

6.8.2 输入输出地址分配及硬件图样

1）交通信号灯控制输入输出地址分配，见表 6-13。

表 6-13 交通信号灯控制输入输出地址分配

输入量		输出量	
起动按钮	X0	东西绿灯	Y0
停止按钮	X1	东西黄灯	Y1
		东西红灯	Y2
		南北绿灯	Y3
		南北黄灯	Y4
		南北红灯	Y5

2）交通信号灯控制硬件接线图样，如图 6-58 所示。

6.8.3 解法 1——经验设计法

从控制要求上看，编程规律不难把握，故采用了经验设计法。由于东西、南北交通灯规律完全一致，所以写出东西或南北这一半程序，另一半对应过去即可。首先构造起保停电路，为后续控制做准备；其次构造定时电路；最后根据输出情况写输出电路。具体程序如图 6-59 所示。

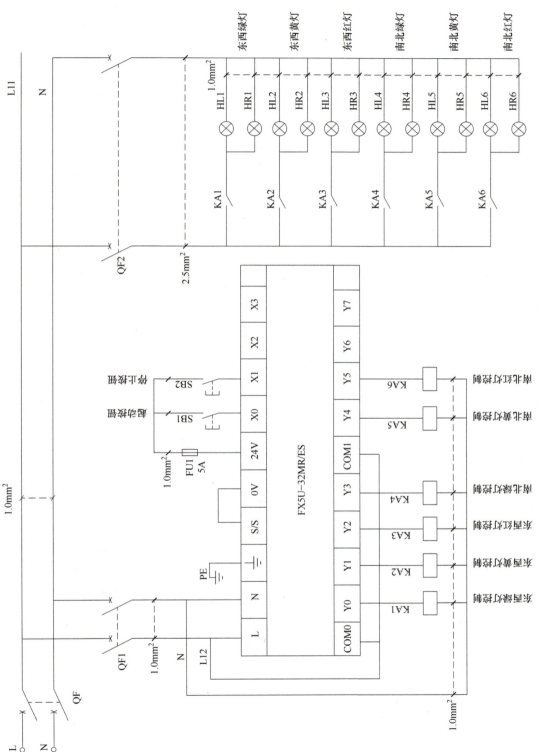

图 6-58 交通信号灯控制硬件接线图样

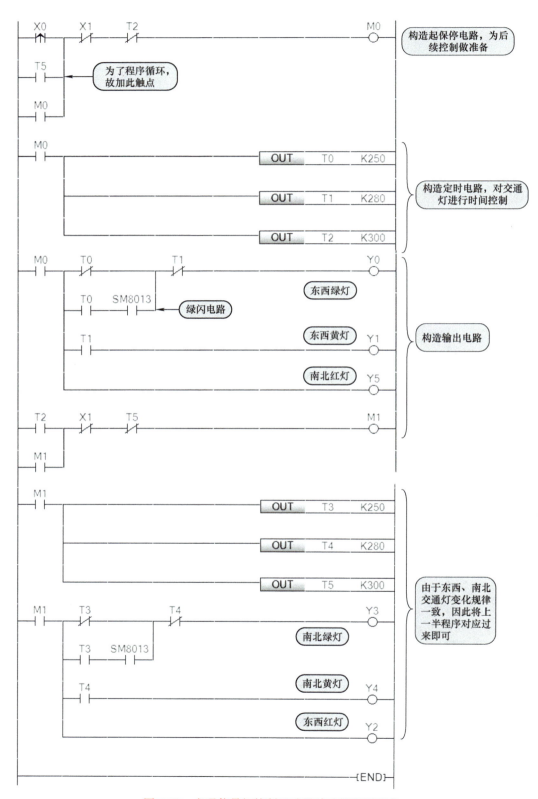

图 6-59 交通信号灯控制经验设计法梯形图程序

交通信号灯控制经验设计法程序解析,如图 6-60 所示。

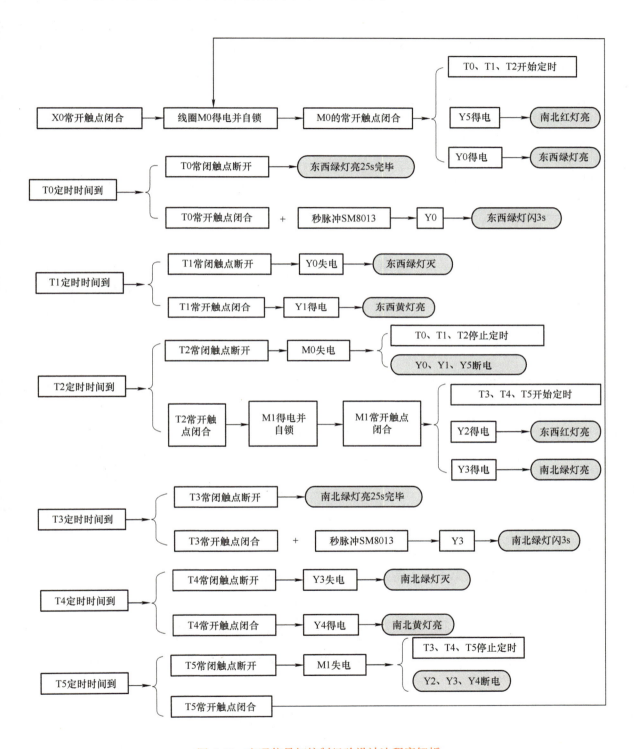

图 6-60　交通信号灯控制经验设计法程序解析

6.8.4 解法 2——比较指令编程法

比较指令编程法和上边的经验设计法比较相似，不同点在于定时电路由 3 个定时器变为 1 个定时器，节省了定时器的个数。此外，输出电路用比较指令分段讨论。具体程序如图 6-61 所示。

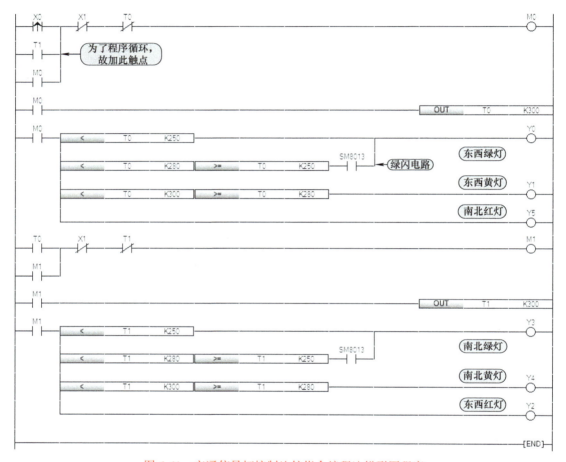

图 6-61　交通信号灯控制比较指令编程法梯形图程序

交通信号灯控制比较指令编程法程序解析，如图 6-62 所示。

编者有料

用比较指令编程就相当于不等式的应用，其关键在于找到端点，列出不等式即可，具体如下：

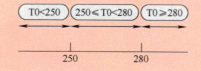

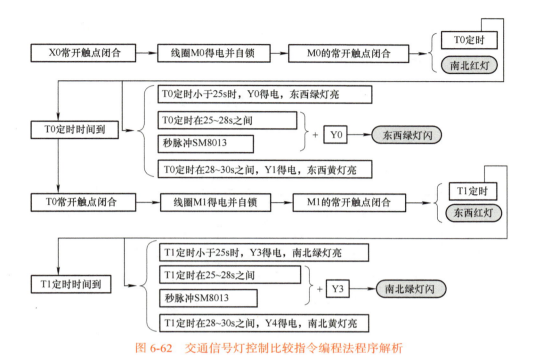

图 6-62 交通信号灯控制比较指令编程法程序解析

6.8.5 解法 3——起保停电路编程法

交通信号灯控制的顺序功能图，如图 6-63 所示；交通信号灯控制起保停电路编程法梯形图程序，如图 6-64 所示；交通信号灯控制起保停电路编程法程序解析，如图 6-65 所示。

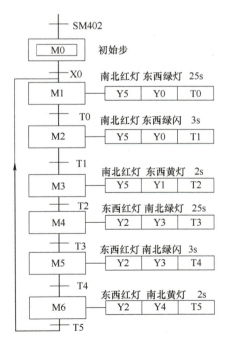

图 6-63 交通信号灯控制的顺序功能图

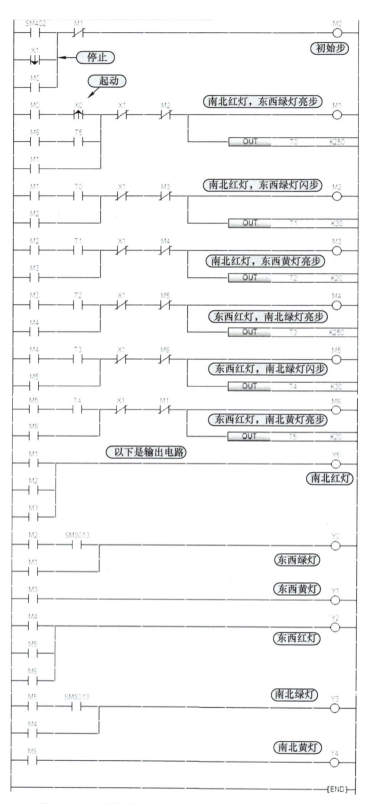

图 6-64 交通信号灯控制起保停电路编程法梯形图程序

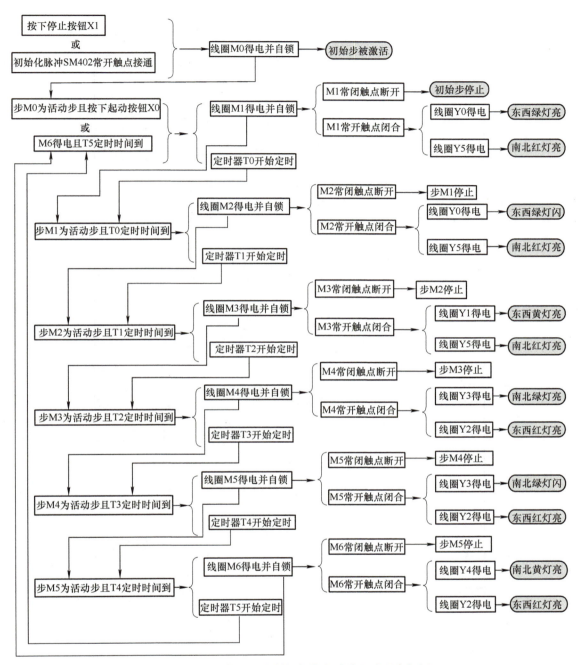

图 6-65　交通信号灯控制起保停电路编程法程序解析

6.8.6　解法 4——置位复位指令编程法

交通信号灯控制置位复位指令编程法顺序功能图，如图 6-63 所示；交通信号灯控制置位复位指令编程法梯形图程序，如图 6-66 所示；交通信号灯控制置位复位指令编程法程序解析，如图 6-67 所示。

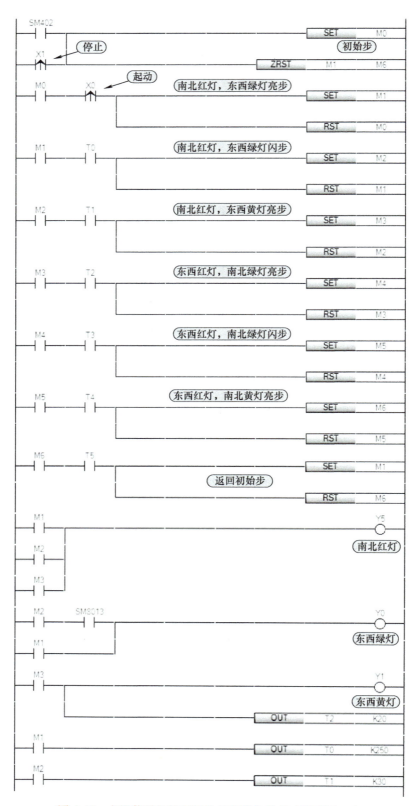

图 6-66 交通信号灯控制置位复位指令编程法梯形图程序

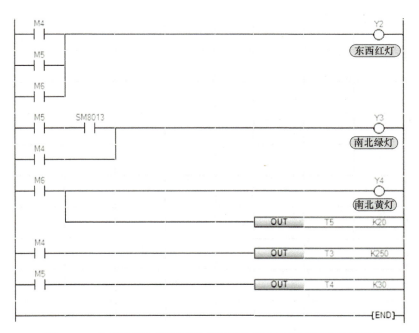

图 6-66 交通信号灯控制置位复位指令编程法梯形图程序（续）

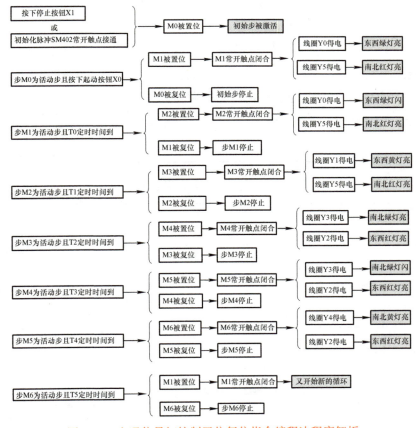

图 6-67 交通信号灯控制置位复位指令编程法程序解析

6.8.7 解法 5——步进指令编程法

交通信号灯控制步进指令编程法顺序功能图，如图 6-68 所示；交通信号灯控制步进指令编程法梯形图程序，如图 6-69 所示。

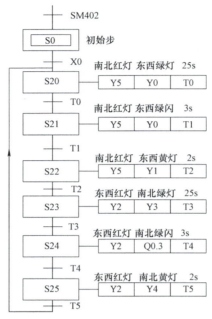

图 6-68 交通信号灯控制步进指令编程法顺序功能图

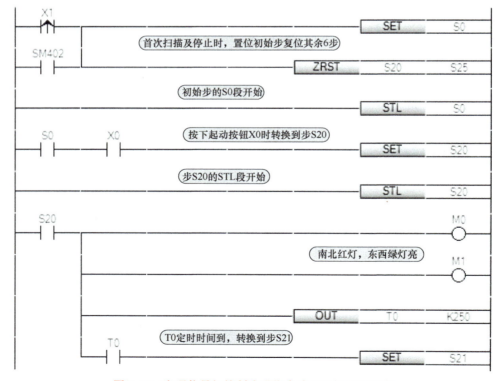

图 6-69 交通信号灯控制步进指令编程法梯形图程序

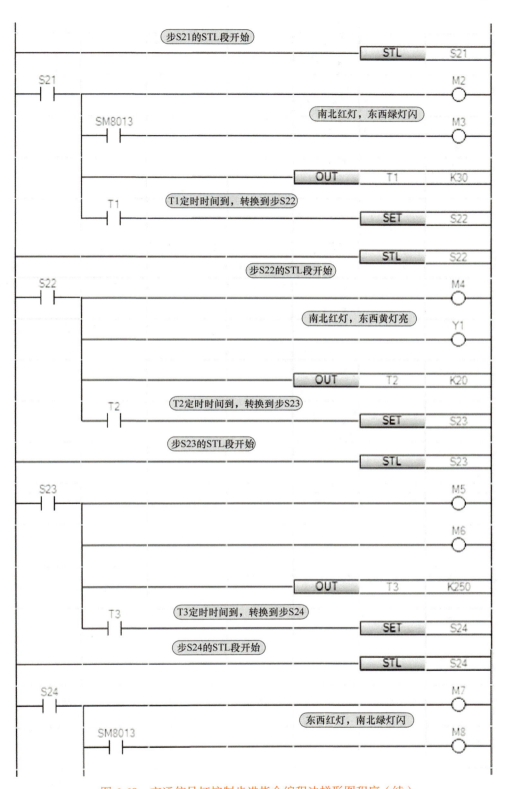

图 6-69　交通信号灯控制步进指令编程法梯形图程序（续）

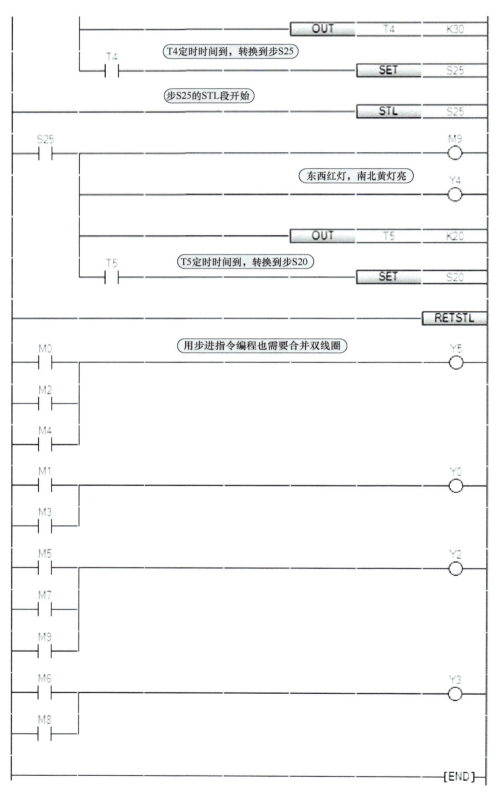

图 6-69 交通信号灯控制步进指令编程法梯形图程序（续）

6.8.8 解法6——位移指令编程法

交通信号灯控制位移指令编程法顺序功能图，如图 6-63 所示；交通信号灯控制位移指令编程法梯形图程序，如图 6-70 所示。

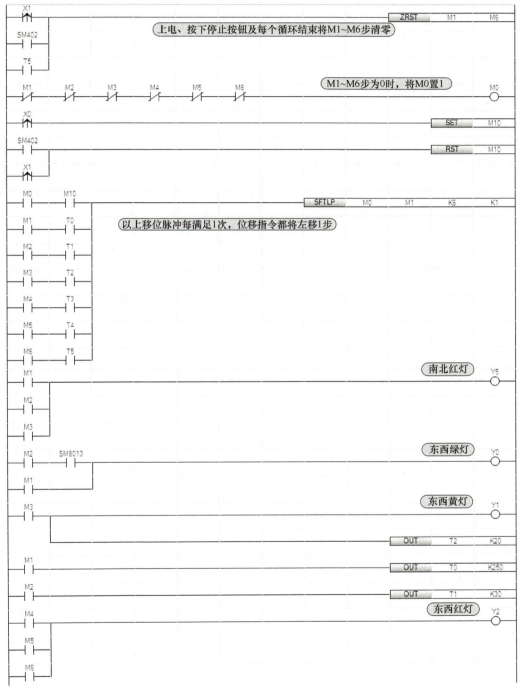

图 6-70 交通信号灯控制位移指令编程法梯形图程序

图 6-70　交通信号灯控制位移指令编程法梯形图程序（续）

在图 6-70 的梯形图程序中，用 M1～M6 这 6 步代表南北红灯、东西绿灯亮步，南北红灯、东西绿灯闪步，南北红灯、东西黄灯亮步，东西红灯、南北绿灯亮步，东西红灯、南北绿灯闪步，东西红灯、南北黄灯亮步。第一行用于程序的初始化、按下停止按钮和每个循环的结束将 M1～M6 清零；第二行用于激活初始步；第三、四行为起停指令；第五行左位移指令的输入端有若干个串联电路的并联分支组成，每条电路分支接通位移指令都会左移 1 步；以后是输出电路，某一动作在多步出现，可将各步的辅助继电器的常开触点并联之后驱动输出继电器线圈。

第 7 章

FX5U PLC 模拟量控制程序设计

本章要点

- ◆ 模拟量控制概述
- ◆ 模拟量扩展模块技术指标与接线
- ◆ 工程量与内码的转换方法及应用举例
- ◆ 空气压缩机改造项目

7.1 模拟量控制概述

扫一扫，看视频

1. 模拟量控制简介

在工业控制中，某些输入量（如压力、温度、流量和液位等）是连续变化的模拟量信号，某些被控对象也需要模拟信号进行控制，因此要求 PLC 有处理模拟信号的能力。

PLC 内部执行的均为数字量，因此模拟量的处理需要完成有两方面任务：即将模拟量转换成数字量（A/D 转换）和将数字量转换为模拟量（D/A 转换）。

2. 模拟量处理过程

模拟量的处理过程，如图 7-1 所示。这个过程分为以下几个阶段：

1）模拟量信号的采集，主要由传感器来完成。传感器将非电信号（如温度、压力、液位和流量等）转化为电信号。注意此时的电信号为非标准信号。

2）非标准电信号转化为标准电信号，此项任务由变送器来完成。传感器输出的非标准电信号传送给变送器，经变送器将非标准电信号转换为标准电信号。根据国际标准，标准信号有两种类型，分别为电压输出型和电流输出型。电压输出型的标准信号为 DC1~5V；电流输出型的标准信号为 DC4~20mA。

3）A/D 转换和 D/A 转换。变送器将其输出的标准信号传送给主机自带的模拟量通道或模拟量输入扩展模块后，主机自带的模拟量通道或模拟量输入扩展模块将模拟量信号按照一定的比例关系转化为数字量信号，再经过 PLC 运算，将其输出结果或直接驱动输出继电器，从而驱动数字量负载，或经模拟量输出模块实现 D/A 转换后，输出模拟量信号控制模拟量负载。

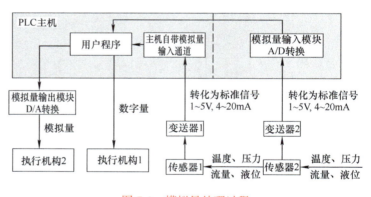

图 7-1 模拟量处理过程

7.2 模拟量扩展模块技术指标与接线

7.2.1 模拟量输入模块技术指标与接线

1. 概述

模拟量输入模块 FX5-4AD 可用于将 4 点模拟量输入（电压、电流）变换为数字量。

模拟量输入模块有多种量程，分别为 0~20mA、4~20mA、−20~20mA、0~5V、0~10V 等。选择哪个量程可以通过 GX Works3 编程软件来设置。

2. 技术指标

模拟量输入模块 FX5-4AD 的技术参数，见表 7-1。

表 7-1　模拟量输入模块 FX5-4AD 的技术参数

模拟量输入电压	DC–10～+10V（输入电阻值 400kΩ 以上）		
模拟量输入电流	DC–20～+20mA（输入电阻值 250Ω）		
数字输出值	16 位带符号二进制数（–32768～+32767）		
输入特性、分辨率	模拟量输入范围	数字输出值	分辨率
电压	0～10V	0～32000	312.5μV
	0～5V	0～32000	156.25μV
	1～5V	0～32000	125μV
	–10～+10V	–32000～+32000	312.5μV
	用户范围设置	–32000～+32000	125μV
电流	0～20mA	0～32000	625nA
	4～20mA	0～32000	500nA
	–20～+20mA	–32000～+32000	625nA
	用户范围设置	–32000～+32000	500nA
精度（相对于数字输出值的满量程的精度）	环境温度（25±5）℃：±0.1%（±64digit）以内 环境温度 0～55℃：±0.2%（±128digit）以内 环境温度 –20～0℃：±0.3%（±192digit）以内		
绝对最大输入	电压：±15V、电流：±30mA		

3. 模拟量输入模块 FX5-4AD 的外形与接线

模拟量输入模块 FX5-4AD 的外形与接线，如图 7-2 所示。

模拟量输入模块支持电压信号和电流信号输入，对于模拟量电压信号、电流信号的类型及量程的选择由 GX Works3 编程软件设置来完成。

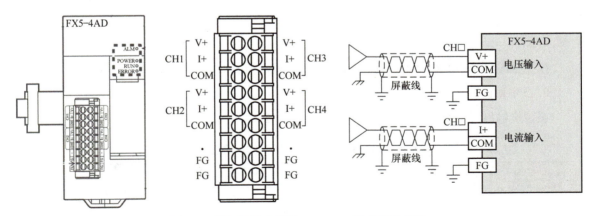

图 7-2　模拟量输入模块 FX5-4AD 的外形与接线

4. 模拟量输入模块 FX5-4AD 配置参数

在 GX Works3 软件中打开"模块配置图"窗口，在"部件选择"窗口中找到 FX5-4AD（4 通道电压·电流），拖拽放到 CPU 模块的右侧，如图 7-3 所示。

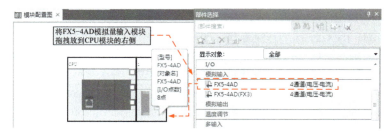

图 7-3　配置 FX5-4AD 模拟量输入模块

在 GX Works3 软件导航窗口中，执行"参数"→"模块信息"→"1[U1]：FX5-4AD"，会弹出"设置项目"界面。在该界面的基本设置中，可以设置信号的输入范围、运行模式、A/D 转换允许/禁止和 A/D 转换方式，如图 7-4 所示。

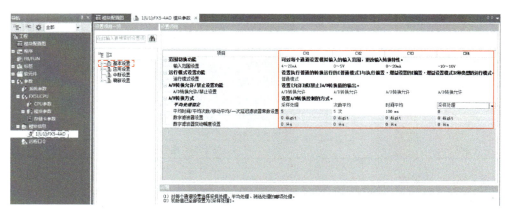

图 7-4　FX5-4AD 配置参数

7.2.2　模拟量输出模块技术指标与接线

1. 概述

模拟量输出模块 FX5-4DA 可以将 4 个数字值转换为模拟量输出（电压、电流）。

2. 技术指标

模拟量输出模块 FX5-4DA 的技术参数，见表 7-2。

表 7-2　模拟量输出模块 FX5-4DA 的技术参数

数字输入	16 位带符号二进制数（-32768 ~ +32767）		
模拟量输出电压	DC-10 ~ +10V（外部负载电阻值 1kΩ ~ 1MΩ 以上）		
模拟量输出电流	DC0 ~ 20mA（外部负载电阻值 0 ~ 500Ω）		
输出特性、分辨率	模拟量输出范围	数字值	分辨率
	电压　0 ~ 10V	0 ~ 32000	312.5μV
	0 ~ 5V	0 ~ 32000	156.3μV
	1 ~ 5V	0 ~ 32000	125μV
	-10 ~ +10V	-32000 ~ +32000	312.5μV
	用户范围设置	-32000 ~ +32000	312.5μV

（续）

输出特性、分辨率	电流	0～20mA	0～32000	625nA
		4～20mA	0～32000	500nA
		用户范围设置	−32000～+32000	500nA
精度（对于模拟量输出值的满量程的精度）	环境温度（25±5）℃：±0.1%（电压 ±20mV；电流 ±20μA）以内 环境温度 0～55℃：±0.2%（电压 ±40mV；电流 ±40μA）以内 环境温度 −20～55℃：±0.3%（电压 ±60mV；电流 ±60μA）以内			

3. 模拟量输出模块 FX5-4DA 的外形与接线

模拟量输出模块 FX5-4DA 的外形与接线，如图 7-5 所示。

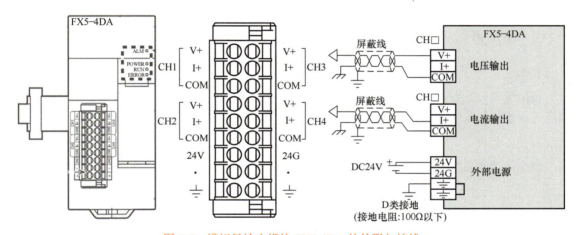

图 7-5 模拟量输出模块 FX5-4DA 的外形与接线

模拟量输出模块 FX5-4DA 有多种量程，分别为 0～20mA、4～20mA、0～5V、0～10V 等。选择哪个量程可以通过 GX Works3 编程软件来设置。

4. 模拟量输出模块 FX5-4DA 配置参数

在 GX Works3 软件中打开"模块配置图"窗口，在"部件选择"窗口中找到"FX5-4DA（4通道电压·电流）"，拖拽放到 CPU 模块的右侧，如图 7-6 所示。

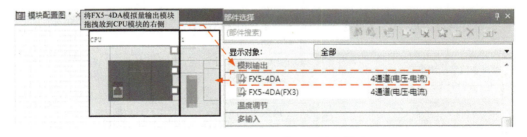

图 7-6 配置 FX5-4DA 模拟量输出模块

在 GX Works3 软件导航窗口中，执行"参数"→"模块信息"→"1[U1]：FX5-4DA"，会弹出"设置项目"界面。在该界面的基本设置中，可以设置信号的输出范围、运行模式、模拟输出 HOLD/CLEAR 功能和 D/A 转换允许/禁止。常见设置，如图 7-7 所示。

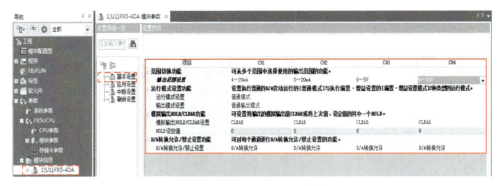

图 7-7　FX5-4DA 配置参数

7.2.3　模拟量输入适配器技术指标与接线

1. 概述

模拟量输入适配器 FX5-4AD-ADP 可用于将 4 点模拟量输入（电压、电流）变换为数字量。本身无须外接电源供电，通常安装在 CPU 模块的左侧。

2. 技术指标

模拟量输入适配器 FX5-4AD-ADP 的技术参数，见表 7-3。

表 7-3　模拟量输入适配器 FX5-4AD-ADP 的技术参数

模拟量输入点数		4 点（4 通道）		
模拟量输入电压		DC-10 ~ +10V（输入电阻值 1MΩ）		
模拟量输入电流		DC-20 ~ +20mA（输入电阻值 250Ω）		
数字输出值		14 位二进制数		
输入特性、分辨率		模拟量输入范围	数字输出值	分辨率
	电压	0 ~ 10V	0 ~ 16000	625μV
		0 ~ 5V	0 ~ 16000	312.5μV
		1 ~ 5V	0 ~ 12800	312.5μV
		−10 ~ +10V	−8000 ~ +8000	1250μV
	电流	0 ~ 20mA	0 ~ 16000	1.25μA
		4 ~ 20mA	0 ~ 12800	1.25μA
		−20 ~ +20mA	−8000 ~ +8000	2.5μA
精度（相对于数字输出值的满量程的精度）		环境温度（25 ± 5）℃：± 0.1%（± 16digit）以内 环境温度 0 ~ 55℃：± 0.2%（± 32digit）以内 环境温度 −20 ~ 0℃：± 0.3%（± 48digit）以内		
转换速度		最大 450μs（每个运算周期更新数据）		
绝对最大输入		电压：± 15V、电流：± 30mA		
名称	连接位置	特殊寄存器		
		CH1	CH2	CH3	CH4
数字输出值	第 1 台	SD6300	SD6340	SD6380	SD6420
	第 2 台	SD6660	SD6700	SD6740	SD6780
	第 3 台	SD7020	SD7060	SD7100	SD7140
	第 4 台	SD7380	SD7420	SD7460	SD7500

3. 模拟量输入适配器 FX5-4AD-ADP 的外形与接线

模拟量输入适配器 FX5-4AD-ADP 的外形与接线，如图 7-8 所示。

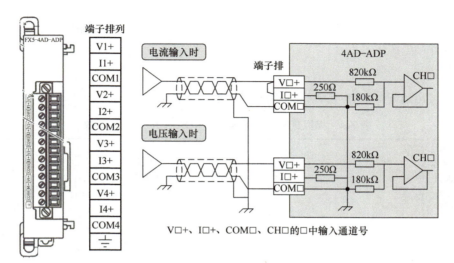

图 7-8　模拟量输入适配器 FX5-4AD-ADP 的外形与接线

4. 模拟量输入适配器 FX5-4AD-ADP 配置参数

在 GX Works3 软件中打开"模块配置图"窗口，在"部件选择"窗口中找到"FX5-4AD-ADP（4 通道电压·电流）"，拖拽放到 CPU 模块的左侧，如图 7-9 所示。

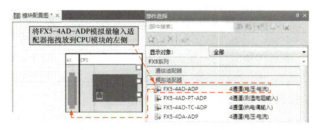

图 7-9　配置 FX5-4AD-ADP 模拟量输入适配器

在 GX Works3 软件导航窗口中，执行"参数"→"模块信息"→"ADP1：FX5-4AD-ADP"，会弹出"设置项目"界面。在该界面的基本设置中，可以设置信号的 A/D 转换允许 / 禁止、A/D 转换方式和输入范围。常见设置，如图 7-10 所示。

图 7-10　FX5-4AD-ADP 配置参数

7.2.4 模拟量输出适配器技术指标与接线

1. 概述

模拟量输出适配器 FX5-4DA-ADP 可以将 4 个数字值转换为模拟量输出（电压、电流），该适配器需要外接电源供电。

2. 技术指标

模拟量输出适配器 FX5-4DA-ADP 的技术参数，见表 7-4。

表 7-4 模拟量输出适配器 FX5-4DA-ADP 的技术参数

模拟量输出点数		4 点（4 通道）			
数字输入		14 位二进制数			
模拟量输出电压		DC–10 ~ +10V（外部负载电阻值 1k ~ 1MΩ 以上）			
模拟量输出电流		DC0 ~ 20mA（外部负载电阻值 0 ~ 500Ω）			
输出特性、分辨率		模拟量输出范围	数字值	分辨率	
	电压	0 ~ 10V	0 ~ 16000	625μV	
		0 ~ 5V	0 ~ 16000	312.5μV	
		1 ~ 5V	0 ~ 16000	250μV	
		–10 ~ +10V	–8000 ~ +8000	1250μV	
	电流	0 ~ 20mA	0 ~ 16000	1.25μA	
		4 ~ 20mA	0 ~ 16000	1μA	
精度（对于模拟量输出值的满量程的精度）		环境温度（25±5）℃：±0.1%（电压 ±20mV；电流 ±20μA）以内			
		环境温度 –20 ~ 55℃ *2：±0.2%（电压 ±40mV；电流 ±40μA）以内			
名称	连接位置	特殊寄存器			
		CH1	CH2	CH3	CH4
数字输出值	第 1 台	SD6300	SD6340	SD6380	SD6420
	第 2 台	SD6660	SD6700	SD6740	SD6780
	第 3 台	SD7020	SD7060	SD7100	SD7140
	第 4 台	SD7380	SD7420	SD7460	SD7500

3. 模拟量输出适配器 FX5-4DA-ADP 的外形与接线

模拟量输出适配器 FX5-4DA-ADP 的外形与接线，如图 7-11 所示。

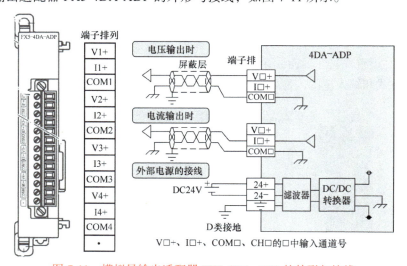

图 7-11 模拟量输出适配器 FX5-4DA-ADP 的外形与接线

4. 模拟量输出适配器 FX5-4DA-ADP 配置参数

在 GX Works3 软件中打开"模块配置图"窗口，在"部件选择"窗口中找到"FX5-4DA-ADP（4 通道电压·电流）"，拖拽放到 CPU 模块的左侧，如图 7-12 所示。

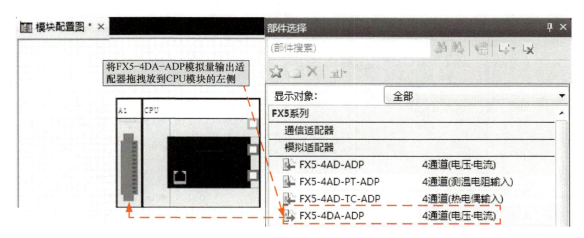

图 7-12　配置模拟量输出适配器 FX5-4DA-ADP

在 GX Works3 软件导航窗口中，执行"参数"→"模块信息"→"ADP1: FX5-4DA-ADP"，会弹出"设置项目"界面。在该界面的基本设置中，可以设置信号的 D/A 转换允许 / 禁止、D/A 输出允许 / 禁止和输出范围。常见设置，如图 7-13 所示。

图 7-13　FX5-4DA-ADP 配置参数

7.2.5　CPU 模块内置模拟量功能

1. 概述

三菱 FX5U PLC 的 CPU 模块内置了模拟量的功能，即有 2 路模拟量输入和 1 路模拟量输出通道。

2. CPU 模块内置模拟量输入技术指标

CPU 模块内置模拟量输入技术参数，见表 7-5。

表 7-5　CPU 模块内置模拟量输入技术参数

项目		参数
模拟量输入点数		2 点（2 通道）
模拟量输入电压		DC0～10V（输入电阻 115.7kΩ）
数字输出		12 位无符号二进制数
软元件分配		SD6020（CH1 的 A/D 转换后的输入数据） SD6060（CH2 的 A/D 转换后的输入数据）
输入特性、最大分辨率	数字输出值	0～4000
	最大分辨率	2.5mV
精度（相对于数字输出值满刻度的精度）	环境温度（25±5）℃	0.5%（20digit）以内
	环境温度 0～55℃	1.0%（40digit）以内
	环境温度 -20～0℃	1.5%（60digit）以内
转换速度		30μs/ 通道（数据的更新为每个运算周期）

3. CPU 模块内置模拟量输入的接线

CPU 模块内置模拟量输入的接线，如图 7-14 所示。

CPU 内置模拟量输入只支持电压信号，对于模拟量电压信号的类型及量程的选择由 GX Works3 编程软件设置来完成。

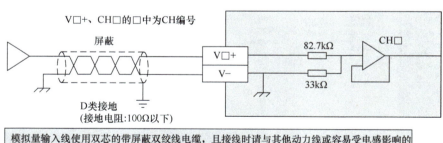

图 7-14　CPU 模块内置模拟量输入的接线

4. CPU 模块内置模拟量输入配置参数

在 GX Works3 软件导航窗口中，执行"参数"→"FX5UCPU"→"模块参数"→"模拟输入"，会弹出"设置项目"界面。在该界面的基本设置中，"A/D 转换允许 / 禁止设置"选为"允许"，如图 7-15 所示。

5. CPU 模块内置模拟量输出技术指标

CPU 模块内置模拟量输出技术参数，见表 7-6。

第 7 章　FX5U PLC 模拟量控制程序设计

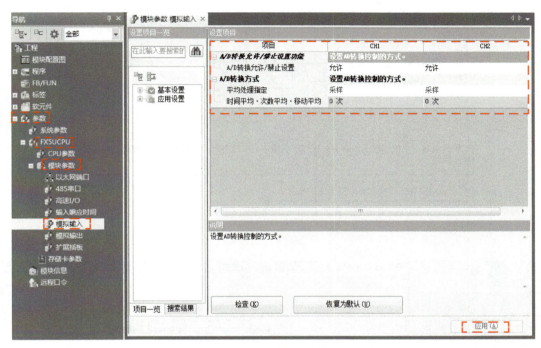

图 7-15　CPU 模块内置模拟量输入配置参数

表 7-6　CPU 模块内置模拟量输出技术参数

模拟量输出点数		1 点（1 通道）
数字输入		12 位无符号二进制数
模拟量输出电压		DC0 ~ 10V（外部负载电阻值 2kΩ ~ 1MΩ）
软元件分配		SD6180（输出设定数据）
输出特性、最大分辨率	数字输入值	0 ~ 4000
	最大分辨率	2.5mV
精度（相对于模拟输出值满刻度的精度）	环境温度（25±5）℃	0.5%（20digit）以内
	环境温度 0 ~ 55℃	1.0%（40digit）以内
	环境温度 -20 ~ 0℃	1.5%（60digit）以内

6. CPU 模块内置模拟量输出的接线

CPU 模块内置模拟量输出的接线，如图 7-16 所示。

CPU 内置模拟量输出只支持电压信号，对于模拟量电压信号的类型及量程的选择由 GX Works3 编程软件设置来完成。

7. CPU 模块内置模拟量输出配置参数

在 GX Works3 软件导航窗口中，执行"参数"→"FX5UCPU"→"模块参数"→"模拟输出"，会弹出"设置项目"界面。在该界面的基本设置中，"D/A 转换允许 / 禁止设置"选为"允许"，"D/A 输出允许 / 禁止设置"选为"允许"，如图 7-17 所示。

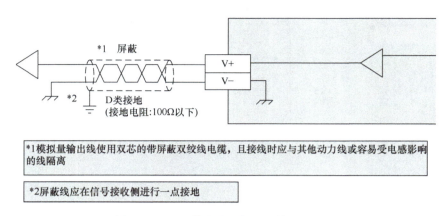

图 7-16 CPU 模块内置模拟量输出的接线

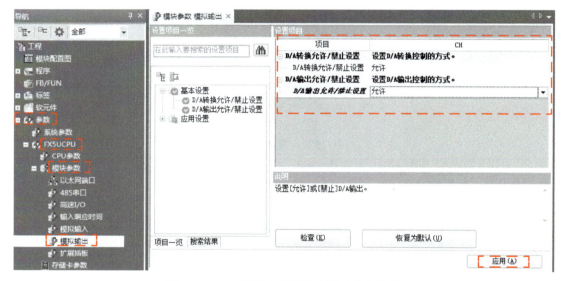

图 7-17 CPU 模块内置模拟量输出配置参数

7.3 工程量与内码的转换方法及应用举例

扫一扫，看视频

模拟量编程很多初学者觉得很难，其实只要把握住模拟量编程的关键点就可以轻松解决。这个关键点就在于找到工程量与内码的转换关系。

所谓的工程量是指工业控制中的实际物理量，如压力、温度、流量和液位等，这些物理量通过变送器能够产生标准的连续变化的模拟量信号。所谓的内码是指外部输入的连续变化的模拟量信号在模拟量输入模块内部对应产生的数字量信号（我们知道在 PLC 及其模块内部实现运算的都是数字量信号）。那么归根结底，找工程量与内码的转换关系，就是找实际物理量与模拟量模块内部数字量的对应关系。在找对应关系时，应考虑变送器输出量程和模拟量输入模块的量程。下面将通过两个例子，详细讲解如何找工程量与内码的转换关系，以及其模拟量程序的编写。

7.3.1 压力与内码的转换应用举例

【例 1】 某压力变送器量程为 0～10MPa，输出信号为 0～10V，CPU 内置模拟量输入量程为 0～10V，转换后数字量范围为 0～4000，设转换后的数字量为 X，试编程求压力值。

1. 找到实际物理量与模拟量输入模块内部数字量比例关系

此例中，压力变送器的输出信号的量程 0～10V 恰好和 CPU 内置模拟量输入的量程一一对应，因此对应关系为正比例，实际物理量 0MPa 对应模拟量模块内部数字量 0，实际物理量 10MPa 对应模拟量模块内部数字量 4000。具体如图 7-18 所示。

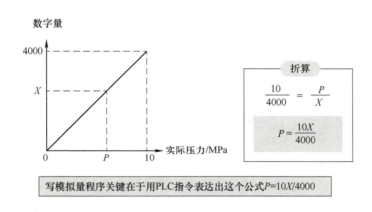

图 7-18　实际物理量与数字量的对应关系

2. 程序编写

通过上步找到比例关系后，可以进行模拟量程序的编写了，编写的关键在于用 PLC 指令表达出 $P=10X/4000$。程序如图 7-19 所示。

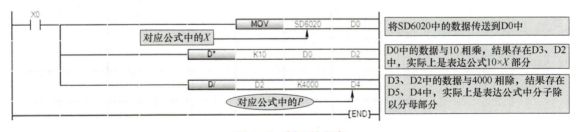

图 7-19　例 1 的程序

7.3.2 温度与内码的转换应用举例

【例 2】 某温度变送器量程为 0～100℃，输出信号为 4～20mA，经 500Ω 标准电阻将其转换为电压信号 2～10V，CPU 内置模拟量输入量程为 0～10V，转换后数字量为 0～4000，设转换后的数字量为 X，试编程求温度值。

1. 找到实际物理量与模拟量输入模块内部数字量比例关系

此例中，温度变送器的输出信号的量程为 4～20mA，经 500Ω 标准电阻将其转换为电压信号 2～10V，CPU 内置模拟量输入量程为 0～10V，两者不完全对应，因此实际物理量 0℃对应模拟量模块内部数字量 800（即 4000×2/10），实际物理量 100℃对应模拟量模块内部数字量 4000，如图 7-20 所示。

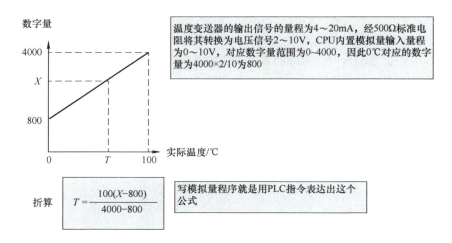

图 7-20 实际物理量与数字量的对应关系

2. 程序编写

通过上步找到比例关系后，可以进行模拟量程序的编写了，编写的关键在于用 PLC 指令表达出 $T=100（X-800）/（4000-800）$。程序如图 7-21 所示。

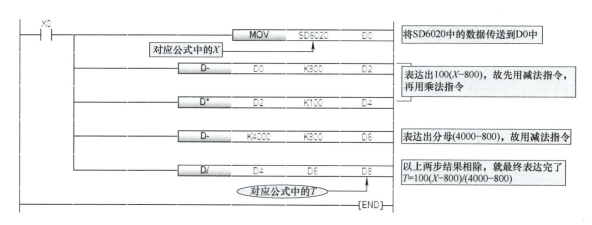

图 7-21 例 2 的程序

编者有料

读者应细细品味以上两个例子的异同点，真正理解内码与实际物理量的对应关系，才是掌握模拟量编程的关键。一些初学者模拟量编程总是不会，原因就在这里。

7.4 空气压缩机改造项目

7.4.1 控制要求

某工厂有 3 台空气压缩机,为了增加压缩空气的储存量,现增加一个大的储气罐,因此需对原有 3 台独立空气压缩机进行改造,空气压缩机改造装置图,如图 7-22 所示。具体控制要求如下:

1)气压低于 0.4MPa,3 台空气压缩机工作。
2)气压高于 0.8MPa,3 台空气压缩机停止工作。
3)3 台空气压缩机要求分时启动。
4)为了生产安全,必须设有报警装置。一旦出现故障,要求立即报警,要求 3 台空气压缩机立即断电停止工作。

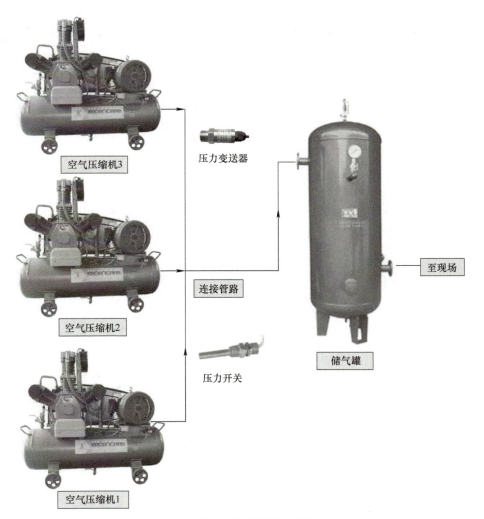

图 7-22 空气压缩机管路连接图

7.4.2 设计过程

1. 设计方案

本项目采用三菱 FX5U-32MR/ES 主机进行控制；现场压力信号由压力变送器采集；报警电路采用电压力开关＋蜂鸣器。

2. 硬件设计

本项目硬件设计包括以下几部分：

1）3 台空气压缩机主电路设计。

2）三菱 FX5U-32MR/ES 主机供电和控制设计，空气压缩机状态指示及报警电路设计。

以上各部分的相应图样如图 7-23 所示。

3. 程序设计

1）明确控制要求后，确定 I/O 端子，见表 7-7。

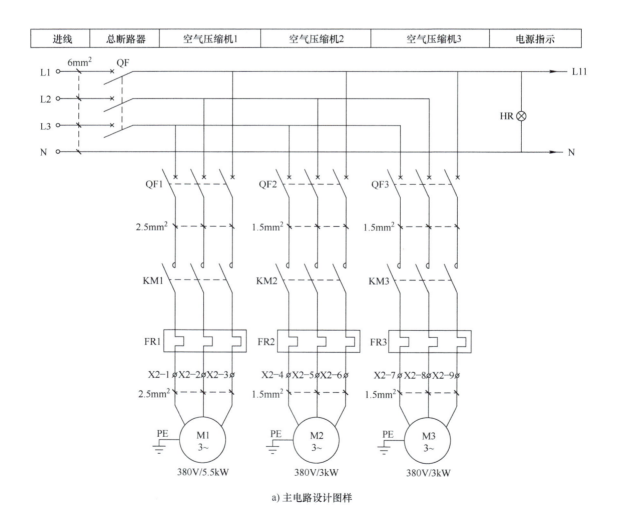

a) 主电路设计图样

图 7-23 空气压缩机改造项目硬件设计图样

第 7 章 FX5U PLC 模拟量控制程序设计

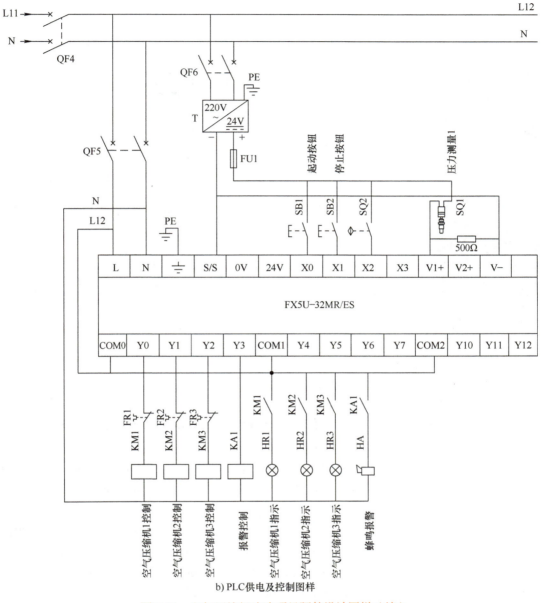

b) PLC 供电及控制图样

图 7-23 空气压缩机改造项目硬件设计图样（续）

表 7-7 空气压缩机改造 I/O 分配

输入量		输出量	
起动按钮	X0	空气压缩机 1	Y0
停止按钮	X1	空气压缩机 2	Y1
压力开关	X2	空气压缩机 3	Y2
压力测量	V1+	报警控制	Y3

2）软件配置参数

在 GX Works3 软件导航窗口中，执行"参数"→"FX5UCPU"→"模块参数"→"模拟输入"，会弹出"设置项目"界面。在该界面的基本设置中，将"A/D 转换允许 / 禁止设置"选为"允许",如图7-24所示。

图7-24 软件配置参数

3)空气压缩机梯形图程序,如图7-25所示。

4)空气压缩机编程思路及程序解析。

本程序主要分为三大部分,模拟量信号采集程序,空气压缩机分时起动程序和压力比较程序。

本例中,压力变送器输出信号为4~20mA,经500Ω转换成2~10V,对应压力为0~1MPa;当SD6020<800时,此时压力变送器信号输出小于4mA,经500Ω转换小于2V,采集结果无意义,故有模拟量采集清零程序。

当SD6020>800,采集结果有意义。模拟量信号采集程序的编写找到实际压力与数字量转换之间的比例关系,是编写模拟量程序的关键,其比例关系为P=(SD6020–800)/(4000–800),压力的单位这里取MPa。用PLC指令表达出压力P与SD6020(现在的SD6020中的数值存在D0中)之间的关系,即P=(D0–800)/(4000–800),因此模拟量信号采集程序用32位减法指令D-表达出(D0–800)作表达式的分子,用32位减法指令D-表达出(4000–800)作表达式的分母,此时得到的结果为MPa,再将MPa转换为kPa,故用32位乘法指令D*表达出D2×1000,这样得到的结果更精确,便于调试。

空气压缩机分时起动程序采用定时电路,当定时器定时时间到后,激活下一个线圈同时将此定时器断电。

压力比较程序,当模拟量采集值在350~400kPa时,起保停电路重新得电,中间编程元件M0得电,Y0~Y2分时得电;当压力大于800kPa时,起保停电路断电,Y0~Y2同时断电。

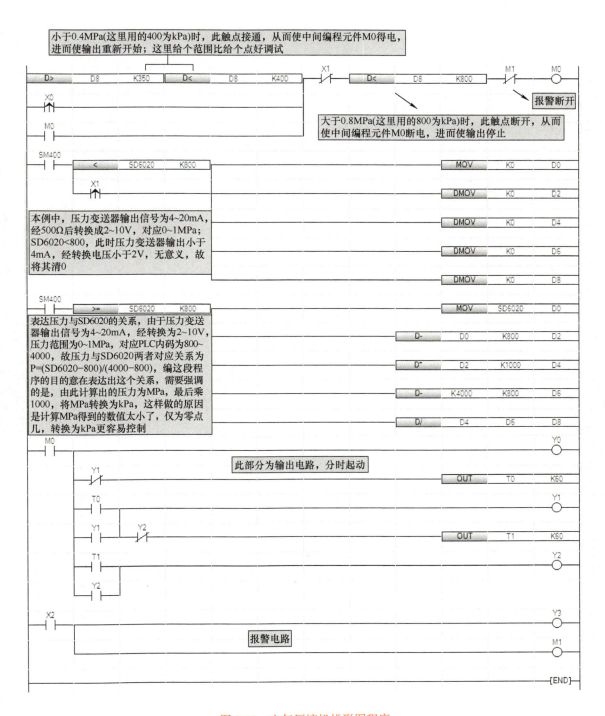

图 7-25　空气压缩机梯形图程序

第 8 章
编码器与高速计数器应用案例

本章要点

- ◆ 编码器基础
- ◆ 高速计数器的相关知识
- ◆ 高速计数器相关指令及用到的特殊寄存器和继电器
- ◆ 高速计数器在转速测量中的应用

8.1 编码器基础

编码器是集光、机、电技术于一体的数字化传感器,主要利用光栅衍射的原理来实现位移与数字变换,通过光电转换将输出轴上的机械几何位移量转换成脉冲或数字量。编码器以其结构简单、精度高、寿命长等特点,广泛应用于定位、测速和定长等场合。

编码器按工作原理的不同,可以分为增量式编码器和绝对式编码器。

8.1.1 增量式编码器

增量式编码器提供了一种对连续位移量离散化、增量化以及位移变化(速度)的传感方法。增量式编码器的特点是每产生一个增量位移就对应于一个输出脉冲信号。增量式编码器测量的是相对于某个基准点的相对位置增量,而不能够直接检测出绝对位置信息。增量式编码器的外形图,如图 8-1 所示。

增量式编码器主要由光源、码盘、检测光栅、光电检测器件和转换电路组成,如图 8-2 所示。在码盘上刻有节距相等的辐射状透光缝隙,相邻两个透光缝隙之间代表一个增量周期。检测光栅上刻有 A、B 两组与码盘相对应的透光缝隙,用以通过或阻挡光源和光电检测器件之间的光线,它们的节距和码盘上的节距相等,并且两组透光缝隙错开 1/4 节距,使得光电检测器件输出的信号在相位上相差 90°。当码盘随着被测转轴转动时,检测光栅不动,光线透过码盘和检测光栅上的缝隙照射到光电检测器件上,光电检测器件就输出两组相位相差 90° 的近似于正弦波的电信号,正弦波经过转换电路的信号处理,会得到矩形波,进而就可以得到被测轴的转角或速度信息。

图 8-1 增量式编码器的外形图

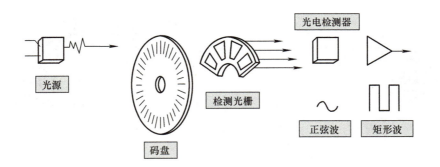

图 8-2 增量式编码器组成部件及原理

一般来说,增量式光电编码器输出 A、B 两相相位差为 90° 的脉冲信号(即所谓的两相正交输出信号),根据 A、B 两相的先后位置关系,可以方便地判断出编码器的旋转方向。另外,码盘一般还提供用作参考零位的 Z 相标志脉冲信号,码盘每旋转一周,会发出一个零位标志信号,如图 8-3 所示。

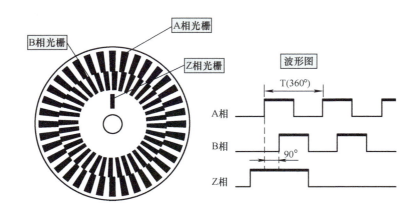

图 8-3 增量式编码器输出信号

8.1.2 绝对式编码器

绝对式编码器的原理及组成部件与增量式编码器基本相同，与增量式编码器不同的是，绝对式编码器用不同的数字码来表示每个不同的增量位置，它是一种直接输出数字量的传感器。绝对式编码器的外形图，如图 8-4 所示。

如图 8-5 所示，绝对式编码器的圆形码盘上沿径向有若干同心码道，每条码道上由透光和不透光的扇形区相间组成，相邻码道的扇区数目是双倍关系，码盘上的码道数就是它的二进制数码的位数。在码盘的一侧是光源，另一侧对应每一码道有一光敏元件。当码盘处于不同位置时，各光敏元件根据受光照与否转换出相应的电平信号，形成二进制数。显然，码道越多，分辨率就越高，对于一个具有 n 位二进制分辨率的编码器，其码盘必须有 n 条码道。

图 8-4 绝对式编码器的外形图

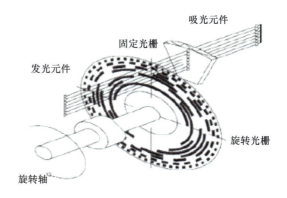

图 8-5 绝对式编码器组成部件及原理图

根据编码方式的不同，绝对式编码器的码盘有两种形式，分别为二进制码盘和格雷码码盘，如图 8-6 所示。

绝对式编码器的特点是不需要计数器，在转轴的任意位置都可读出一个固定的与位置相对应的数字码，即直接读出角度坐标的绝对值。另外，相对于增量式编码器，绝对式编码器不存在累积误差，并且当电源切除后位置信息也不会丢失。

第 8 章　编码器与高速计数器应用案例

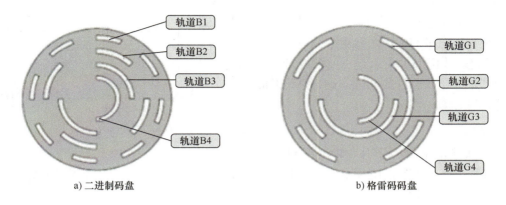

a) 二进制码盘　　　　　　　　　b) 格雷码码盘

图 8-6　绝对式编码器码盘

> **编者有料**
>
> 1）增量式编码器是通过脉冲增量记录位置增量，且断电不能保存当前的位置信息，因此增量式编码器在实际工程中，通常用在速度测量和长度测量的场合。
>
> 2）绝对式编码器每一个位置都会对应唯一的一个数字码，且断电能保存当前的位置信息，因此绝对式编码器实际工程中，通常用在定位场合。

8.1.3　编码器输出信号类型

编码器的信号输出有集电极开路输出、电压输出、推挽式输出和线驱动输出等多种信号输出形式。

1. 集电极开路输出式

集电极开路输出是以输出电路的晶体管发射极作为公共端，并且集电极悬空的输出电路。根据使用的晶体管类型不同，可以分为 NPN 集电极开路输出式和 PNP 集电极开路输出式两种形式，分别如图 8-7 和图 8-8 所示。

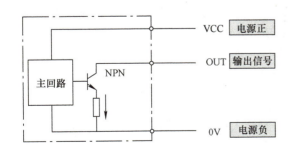

图 8-7　NPN 集电极开路输出式

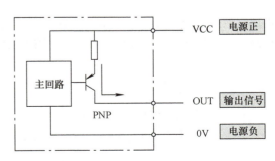

图 8-8　PNP 集电极开路输出式

2. 电压输出式

电压输出式是在集电极开路输出电路的基础上，在电源和集电极之间接了一个上拉电阻，这样就使得集电极和电源之间能有了一个稳定的电压状态，如图 8-9 所示。一般在编码器供电电压和信号接收装置的电压一致的情况下使用这种类型的输出电路。

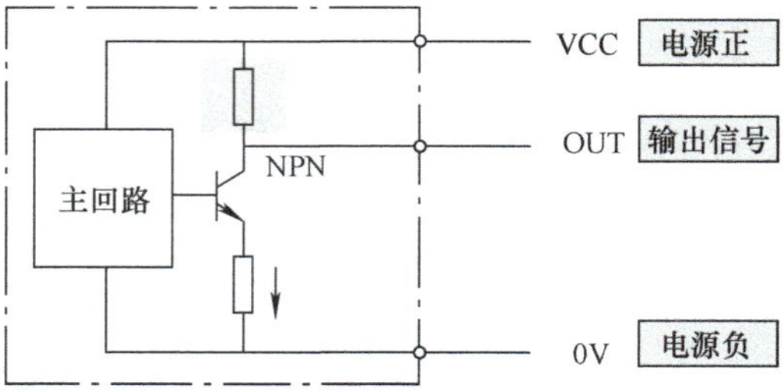

3. 推挽式输出

推挽式输出由两个分别为 PNP 型和 NPN 型的晶体管组成，如图 8-10 所示。当其中一个晶体管导通时，另外一个晶体管则关断，两个输出晶体管交互进行动作。

这种输出形式具有高输入阻抗和低输出阻抗，因此在低阻抗情况下它也可以提供大范围的电源。由于输入、输出信号相位相同且频率范围宽，因此它还适用于长距离传输。

推挽式输出电路可以直接与 NPN 和 PNP 集电极开路输入的电路连接，即可以接入源型或漏型输入的模块中。

4. 线驱动输出式

如图 8-11 所示，线驱动输出接口采用了专用的 IC 芯片，输出信号符合 RS-422 标准，以差分的形式输出，因此线驱动输出信号抗干扰能力更强，可以应用于高速、长距离数据传输的场合，同时还具有响应速度快和抗噪声性能强的特点。

图 8-9 电压输出式

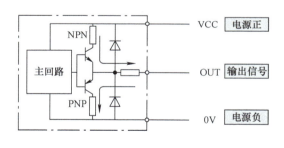

图 8-10 推挽式输出

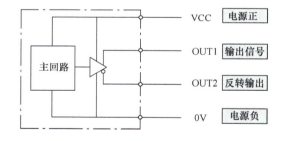

图 8-11 线驱动输出式

需要说明的是，除了上面所列的几种编码器输出的接口类型外，现在好多厂商生产的编码器还具有智能通信接口，比如 PROFIBUS 总线接口。这种类型的编码器可以直接接入相应的总线网络，通过通信的方式读出实际的计数值或测量值，这里不做说明。

8.1.4 编码器与 FX5U PLC 的接线

1. PNP 输出型编码器与 FX5U PLC 的接线

PNP 输出型编码器与 FX5U PLC 接线时，按源型输入接法，如图 8-12 所示。

2. NPN 输出型编码器与 FX5U PLC 的接线

NPN 输出型编码器与 FX5U PLC 接线时，按漏型输入接法，如图 8-13 所示。

第 8 章 编码器与高速计数器应用案例

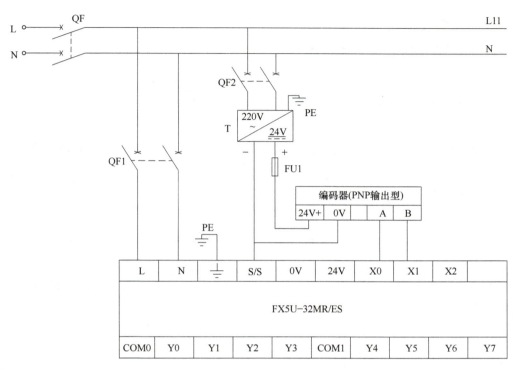

图 8-12 PNP 输出型编码器与 FX5U PLC 的接线

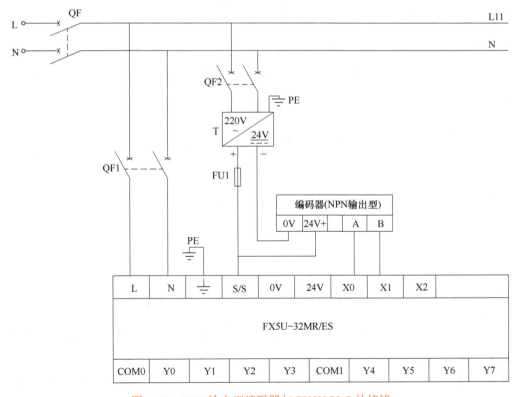

图 8-13 NPN 输出型编码器与 FX5U PLC 的接线

8.1.5 增量式编码器的选型

在增量式编码器选型时，可以综合考虑以下几个参数。

1. 电源电压

电源电压是指编码器外接供电电源的电压，一般为直流 5～24V。

2. 分辨率

分辨率是指编码器旋转一圈输出的脉冲数，工程中一般称输出多少线。编码器厂商在生产编码器时，通常也会将同一型号的产品分成不同的分辨率。分辨率一般在 10～10000 线之间，当然了也有分辨率更高的产品。

3. 最高响应频率

最高响应频率是指编码器输出脉冲的最大频率。常见的最高响应频率有 50kHz 和 100kHz。

4. 最高响应转速

最高响应转速是指编码器运行的最大转速，它取决于编码器的分辨率和最高响应频率。最高响应转速的计算公式如下：

$$最高响应转速（r/min）= \frac{最高响应频率}{分辨率} \times 60$$

5. 输出信号类型

输出信号有集电极开路输出、电压输出、线驱动输出和推挽式输出等多种信号输出形式，详见 8.1.3 节。

6. 输出信号方式

编码器的输出信号方式有三种，分别为单脉冲输出型、A/B/Z 三相脉冲输出型和差动线性驱动脉冲输出型。其中以 A/B/Z 相脉冲输出最为常用。

（1）单脉冲输出型

单脉冲输出是指输出 1 个占空比为 50% 的脉冲波形，如图 8-14 所示。单脉冲输出分辨率较低，常用于转速测量和脉冲计数等场合。

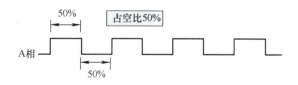

图 8-14 单脉冲输出型

（2）A/B/Z 三相脉冲输出型

A/B/Z 三相脉冲输出是增量式编码器最常用的输出信号方式。其中可以由 A/B 相脉冲相位的超前和滞后关系，来判断增量式编码器是正转还是反转，如图 8-15 所示。如果从增量式编码器的轴侧看，编码器顺时针旋转即正转，波形是 A 相脉冲在相位上超前 B 相脉冲 90°，如图 8-15a 所示；如果从增量式编码器的轴侧看，编码器逆时针旋转即反转，波形是 A 相脉冲在相位上滞后 B 相脉冲 90°，如图 8-15b 所示；Z 相脉冲为零位标志脉冲，编码器每转 1 圈发出 1 个脉冲。

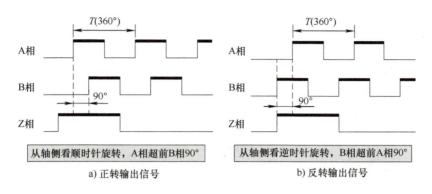

图 8-15　A/B/Z 三相脉冲输出型

（3）差动线性驱动脉冲输出型

差动线性驱动脉冲输出型为一对互为反相的脉冲信号，如图 8-16 所示。这种输出信号由于取消了信号地线，对以共模出现的干扰信号有很强的抗干扰能力。工业环境中，因其能传输更远的距离使得其具有越来越广泛的应用。

8.2　高速计数器的相关知识

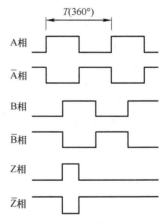

图 8-16　差动线性驱动脉冲输出型

普通的计数器计数速度受扫描周期的影响，当遇到比 CPU 频率高的输入脉冲，它就显得无能为力了。为此 FX5U PLC 提供了多个高速计数器，用以响应高速脉冲输入信号。高速计数器可以独立于用户程序工作，不受扫描周期影响。高速计数器的典型应用是利用编码器测量转速和长度。

8.2.1　高速计数器的动作模式与类型

1. 高速计数器的动作模式

高速计数器的动作模式有 3 种，具体如下：

1）普通模式：作为一般的高速计数器使用时选择此项。

2）脉冲密度测定模式：测定从输入脉冲数开始到指定时间内的脉冲数时选择此项。

3）旋转速度测定模式：测定从输入脉冲数开始到指定时间内的转速时选择此项。

2. 高速计数器的类型

高速计数器共有 5 种类型，具体如下：

1）1相1输入计数器（S/W）。1相1输入计数器（S/W）的计数方法，如图8-17所示。只有A相输入用于计数，另一个输入端子用于改变计数方向，当该端子断开时，加计数；当该端子接通时，减计数。

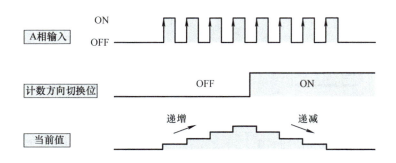

图8-17　1相1输入计数器（S/W）的计数方法

2）1相1输入计数器（H/W）。1相1输入计数器（H/W）的计数方法，如图8-18所示。只有A相输入用于计数，B相输入端子用于改变计数方向，当该端子断开时，加计数；当该端子接通时，减计数。

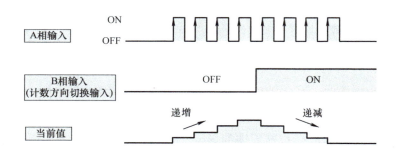

图8-18　1相1输入计数器（H/W）的计数方法

3）1相2输入计数器。1相2输入计数器的计数方法，如图8-19所示。A相输入用于加计数，B相输入用于减计数。

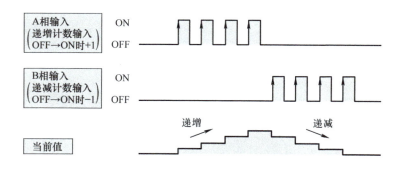

图8-19　1相2输入计数器的计数方法

4）2 相 2 输入计数器。2 相 2 输入计数器有两相输入，分别为 A 相输入和 B 相输入，A、B 两相输入相位相差 90°，即两相正交；若 A 相输入相位超前 B 相输入 90°，则为加计数；若 A 相输入相位滞后 B 相输入 90°，则为减计数。在这种计数方式下，可分为 1 倍频、2 倍频和 4 倍频 3 种模式，所谓的 1 倍频模式即 1 个脉冲计 1 个数，如图 8-20 所示；2 倍频模式即 1 个脉冲计 2 个数，如图 8-21 所示；4 倍频模式即 1 个脉冲计 4 个数，如图 8-22 所示。

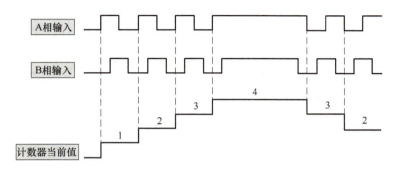

图 8-20　2 相 2 输入计数器（1 倍频）的计数方法

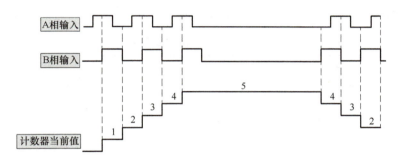

图 8-21　2 相 2 输入计数器（2 倍频）的计数方法

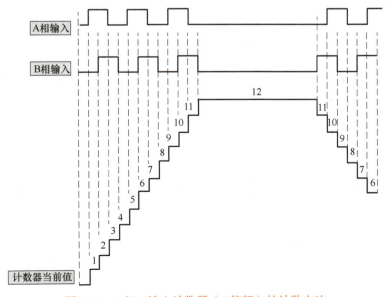

图 8-22　2 相 2 输入计数器（4 倍频）的计数方法

5)内部时钟。内部时钟的计数方法,如图8-23所示。

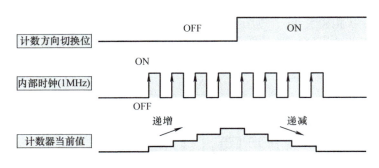

图 8-23　内部时钟的计数方法

8.2.2　高速计数器的最高频率和输入软元件分配

1. 高速计数器的最高频率

高速计数器在不同的工作模式下,其计数的最高频率不同,见表8-1。

表 8-1　高速计数器的最高频率

高速计数器类型	最高频率
1 相 1 输入计数器(S/W)	200kHz
1 相 1 输入计数器(H/W)	200kHz
1 相 2 输入计数器	200kHz
2 相 2 输入计数器 [1 倍频]	200kHz
2 相 2 输入计数器 [2 倍频]	100kHz
2 相 2 输入计数器 [4 倍频]	50kHz
内部时钟	1MHz(固定)

2. 高速计数器的输入软元件分配

高速计数器的输入软元件的分配可通过参数进行设置。通过参数对各通道设置各自的功能时,即确定与之对应的分配。使用内部时钟时,为与 1 相 1 输入(S/W)相同的分配,不使用 A 相。高速计数器的输入软元件分配,见表8-2。

表 8-2　高速计数器的输入软元件分配

通道	高速计数器类型	X0	X1	X2	X3	X4	X5	X6	X7	X10	X11	X12	X13	X14	X15	X16	X17
通道 1	1 相 1 输入(S/W)	A								P	E						
	1 相 1 输入(H/W)	A	B							P	E						
	1 相 2 输入	A	B							P	E						
	2 相 2 输入	A	B							P	E						

（续）

通道	高速计数器类型	X0	X1	X2	X3	X4	X5	X6	X7	X10	X11	X12	X13	X14	X15	X16	X17
通道2	1相1输入（S/W）		A									P	E				
	1相1输入（H/W）			A	B							P	E				
	1相2输入			A	B							P	E				
	2相2输入			A	B							P	E				
通道3	1相1输入（S/W）			A										P	E		
	1相1输入（H/W）					A	B							P	E		
	1相2输入					A	B							P	E		
	2相2输入					A	B							P	E		
通道4	1相1输入（S/W）				A											P	E
	1相1输入（H/W）							A	B							P	E
	1相2输入							A	B							P	E
	2相2输入							A	B							P	E
通道5	1相1输入（S/W）					A				P	E						
	1相1输入（H/W）									A	B	P	E				
	1相2输入									A	B	P	E				
	2相2输入									A	B	P	E				
通道6	1相1输入（S/W）						A					P	E				
	1相1输入（H/W）											A	B	P	E		
	1相2输入											A	B	P	E		
	2相2输入											A	B	P	E		
通道7	1相1输入（S/W）							A						P	E		
	1相1输入（H/W）													A	B	P	E
	1相2输入													A	B	P	E
	2相2输入													A	B	P	E
通道8	1相1输入（S/W）								A							P	E
	1相1输入（H/W）															A	B
	1相2输入															A	B
	2相2输入															A	B
通道1~通道8	内部时钟	不使用																
备注	A：A相输入 B：B相输入（但是，1相1输入（H/W）时，变为方向切换输入） P：外部预置输入 E：外部使能输入																

> **编者有料**
>
> 表 8-2 非常重要，是画编码器与 FX5U PLC 接线图的基础。假如用编码器测量电动机正反转的转速，通常采用 A/B 相模式测量，那么 FX5U PLC 需要选择 2 相 2 输入通道，假如选择"通道 1"，根据表 8-2，需要编码器的 A 相与 FX5U PLC 的 X0 端子连接，B 相需要与 FX5U PLC 的 X1 端子连接，取余接线见图 8-13。

8.3 高速计数器相关指令及用到的特殊寄存器和继电器

8.3.1 高速计数器相关指令

1. 高速输入输出功能的开始 / 停止指令

（1）指令介绍

该指令控制高速输入输出功能的开始 / 停止。和其他的应用指令一样，按处理数据长度可以分为 16 位数据指令和 32 位数据指令；按执行形式可以分为连续执行型和脉冲执行型；指令格式，如图 8-24 所示。在（s1）中指定要启用 / 停止的功能编号；在（s2）中指定所启用的通道的位；在（s3）中指定要停止的通道的位。(s1)中可以指定的功能编号，见表 8-3。在各功能编号中，（s2）、（s3）可以指定的通道，见表 8-4。功能编号为 K0 的情况，可对每个高速计数器的通道，分别控制计数器的开始、停止。通道 1～通道 8 变为 CPU 模块，通道 9～通道 16 变为高速脉冲输入输出模块。

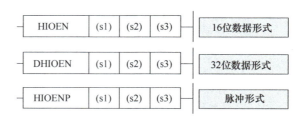

图 8-24 高速输入输出功能的开始 / 停止指令的指令格式

表 8-3 （s1）中可以指定的启用 / 停止功能编号

功能编号	利用 HIOEN/DHIOEN 指令指定的功能
K0	高速计数器
K10	脉冲密度 / 转速测定
K20	高速比较表（CPU 模块）
K21	高速比较表（高速脉冲输入输出模块第 1 台）
K22	高速比较表（高速脉冲输入输出模块第 2 台）
K23	高速比较表（高速脉冲输入输出模块第 3 台）
K24	高速比较表（高速脉冲输入输出模块第 4 台）
K30	多点输出高速比较表
K40	脉冲宽度测定
K50	PWM

表 8-4 (s2)、(s3) 可以指定的通道

							位置								
b15	b14	b13	b12	b11	b10	b9	b8	b7	b6	b5	b4	b3	b2	b1	b0
通道16	通道15	通道14	通道13	通道12	通道11	通道10	通道9	通道8	通道7	通道6	通道5	通道4	通道3	通道2	通道1

（2）应用实例

高速输入输出功能的开始指令应用实例，如图 8-25 所示。高速输入输出功能的停止指令应用实例，如图 8-26 所示。

实例解析

DHIOEN 为 32 位数据指令，(s1) 为 K10，根据表 8-3，该指令指定的功能是脉冲密度/转速测定，本例应用是转速测定；(s2) 为 K1，根据表 8-4，开启的是"通道1"，没有要关闭的通道，故 (s3) 为 K0；转速测量硬件接线图请参考图 8-13。

需要指出的是，指令 (s2) 和 (s3) 开启或关闭通道时，指定的数值用的是十进制常数 K，是由二进制转换来的；例如根据表 8-4，(s2) 要开启"通道3"，实际上对应的二进制应该是 2#100，转换成十进制就是 K4，这点请各位读者一定要理解清楚。

图 8-25　高速输入输出功能的开始指令应用实例

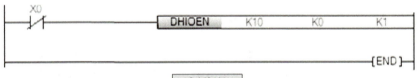

实例解析

DHIOEN 为 32 位数据指令，(s1) 为 K10，根据表 8-3，该指令指定的功能是脉冲密度/转速测定，本例应用是转速测定；(s2) 为 K0，要关闭通道，故 (s3) 为 K1，即要关闭"通道1"。

需要指出的是，指令 (s2) 和 (s3) 关闭通道时，指定的数值用的是十进制常数 K，是由二进制转换来的；道理与该指令的开启一致，这里不再赘述。

图 8-26　高速输入输出功能的停止指令应用实例

2. 高速当前值传送指令

（1）指令介绍

以高速计数器/脉冲宽度测定/PWM/定位用特殊寄存器为对象，进行读取或写入（更新）操作时使用该指令。和其他的应用指令一样，按处理数据长度可以分为 16 位数据指令和 32 位数据指令；按执行形式可以分为连续执行型和脉冲执行型；指令格式，如图 8-27 所示。该指令将 (s) 中指定的软元件值传送至 (d) 中指定的软元件。此时，如果 (n) 的值为 K0，则保留 (s) 的值；如果 (n) 的值为 K1 时，传送后将 (s) 的值清零。

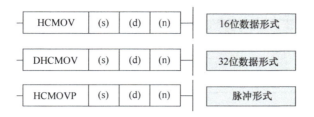

图 8-27　高速当前值传送指令的指令格式

（2）应用实例

高速当前值传送指令应用实例，如图 8-28 所示。

图 8-28　高速当前值传送指令应用实例

需要指出的是，除了上面介绍的两种常用的高速计数器指令，高速计数器指令还有 32 位数据比较设置指令（DHSCS）、32 位数据带宽比较（DHSZ）等，鉴于应用频率不高，这里不予介绍，读者可自行查阅三菱 FX5 编程手册（指令/通用 FUN/FB 篇）学习。

8.3.2　高速计数器用到的特殊寄存器和继电器

FX5U PLC 主机有 8 个高速计数器通道，每个通道都有自己对应特殊寄存器和继电器。鉴于高速计数器用到的特殊寄存器和继电器列表较长，本书截取部分列表供读者参考，如需全部列表读者可自行查阅三菱 FX5 用户手册（应用篇）。高速计数器用到的特殊寄存器，见表 8-5；高速计数器用到的特殊继电器，见表 8-6。

表 8-5　高速计数器用到的特殊寄存器

特殊寄存器	功能	范围	默认	功能支持		R/W
				FX5UJ	FX5U/FX5UC	
SD4500 SD4501	高速计数器通道 1 当前值	−2147483648 ~ +2147483647	0	○	○	R/W
SD4502 SD4503	高速计数器通道 1 最大值	−2147483648 ~ +2147483647	−2147483648	○	○	R/W
SD4504 SD4505	高速计数器通道 1 最小值	−2147483648 ~ +2147483647	2147483647	○	○	R/W
SD4506 SD4507	高速计数器通道 1 脉冲密度	0 ~ 2147483647	0	○	○	R/W

（续）

特殊寄存器	功能	范围	默认	功能支持 FX5UJ	功能支持 FX5U/FX5UC	R/W
SD4508 SD4509	高速计数器通道1转速	0～2147483647	0	○	○	R/W
SD4510	高速计数器通道1预置控制切换	0：上升沿 1：下降沿 2：双沿 3：ON中始终	参数设置值	○	○	R/W
SD4511	不可使用	—	—	—	—	—
SD4512 SD4513	高速计数器通道1预置值	−2147483648～2147483647	参数设置值	○	○	R/W
SD4514 SD4515	高速计数器通道1环长	2～2147483648	参数设置值	○	○	R/W
SD4516 SD4517	高速计数器通道1测定单位时间	1～2147483647	参数设置值	○	○	R/W
SD4518 SD4519	高速计数器通道1每转的脉冲数	1～2147483647	参数设置值	○	○	R/W
备注	1）本表给出的是高速计数器通道1用到的特殊寄存器，其通道用到的特殊寄存器与上述功能一致，只不过编号不同而已。 2）表中○表示支持该功能。					

表 8-6 高速计数器用到的特殊继电器

特殊继电器	功能	动作 ON	动作 OFF	默认	功能支持 FX5U/FX5UC	R/W
SM4500～SM4515	高速计数器通道1～16动作中	动作中	停止中	OFF	○	R
SM4516～SM4523	高速计数器通道1～8脉冲密度/转速测定中	测定中	停止中	OFF	○	R
SM4524～SM4531	不可使用	—	—	—	—	—
SM4532～SM4547	高速计数器通道1～16溢出	发生	未发生	OFF	○	R/W
SM4548～SM4563	高速计数器通道1下溢～高速计数器通道16下溢	发生	未发生	OFF	○	R/W
SM4564～SM4579	高速计数器通道1计数方向监视～高速计数器通道16计数方向监视	递减计数	递增计数	OFF	○	R
SM4580～SM4595	高速计数器通道1（1相1输入S/W）计数方向切换～高速计数器通道16（1相1输入S/W）计数方向切换	递减计数	递增计数	OFF	○	R/W
SM4596～SM4611	高速计数器通道1预置输入逻辑～高速计数器通道16预置输入逻辑	负逻辑	正逻辑	参数设置的值	○	R/W
SM4612～SM4627	高速计数器通道1预置输入比较～高速计数器通道16预置输入比较	有效	无效	参数设置的值	○	R/W
SM4628～SM4643	高速计数器通道1使能输入逻辑～高速计数器通道16使能输入逻辑	负逻辑	正逻辑	参数设置的值	○	R/W
SM4644～SM4659	高速计数器通道1环长设置～高速计数器通道16环长设置	有效	无效	参数设置的值	○	R/W

8.4 高速计数器在转速测量中的应用

8.4.1 直流电动机的转速测量

有一台直流电动机，通过直流调速器可以调节其转速，在直流电动机的轴头上装有 1 个编码器，试用三菱 FX5U 来测量其转速，并编制相关程序。

8.4.2 直流电动机转速测量硬件设计

根据上述控制要求，本案例选择了 1 台三菱 FX5U-32MR/ES，1 个欧姆龙增量式编码器（型号为 E6B2-CWZ5B，该编码器为 PNP 输出型），1 台永磁式直流电动机并配有直流调速器，还有 1 个开关电源为其控制系统供电。直流电动机转速测量的接线图，如图 8-29 所示。

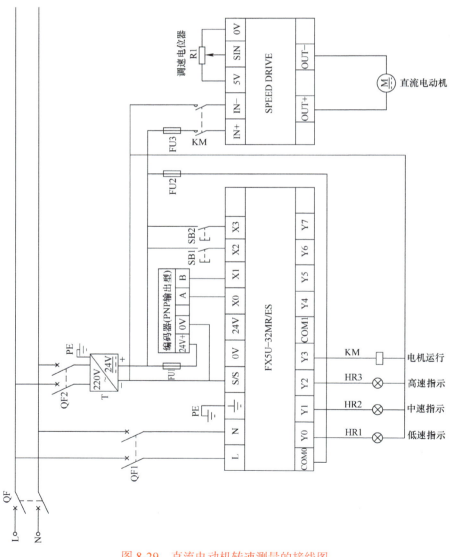

图 8-29 直流电动机转速测量的接线图

8.4.3　直流电动机转速测量软件设计

1. 配置参数

在图 8-30 所示的 GX Works3 软件导航窗口中，执行"参数"→"FX5UCPU"→"模块参数"→"高速 I/O"→"输入功能"→"高速计数器"→"详细设置"，会弹出高速计数器设置界面。在该界面的基本设置中，"使用/不使用计数器"设置为"使用"；"运行模式"设置为"旋转速度测定模式"；"脉冲输入模式"设置为"2 相 1 倍频"；"测定单位时间"设置为"1000ms"；"每转的脉冲数"设置为"500 pulse"。上述设置，如图 8-31 所示。

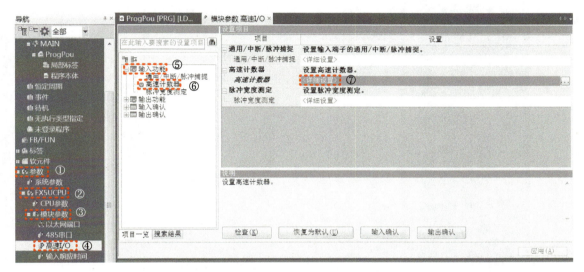

图 8-30　打开高速计数器设置界面步骤

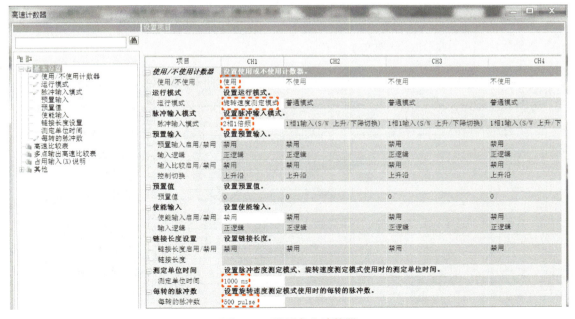

图 8-31　设置高速计数器

2. 高速计数器输入端子输入响应时间设置

输入端子的输入响应时间默认是 10ms，作为高速计数器使用时，该响应时间需要修改，否则采集到的高速脉冲容易丢失。在 GX Works3 软件导航窗口中，执行"参数"→"FX5UCPU"→"模块参数"→"输入响应时间"，会弹出输入响应时间界面，在该界面中，将 X0 和 X1 对应的相应时间改为"10μs"，如图 8-32 所示。

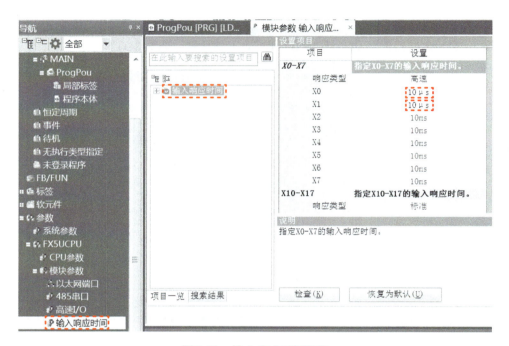

图 8-32　输入响应时间设置

3. 程序编写

本例程序编写，如图 8-33 所示。

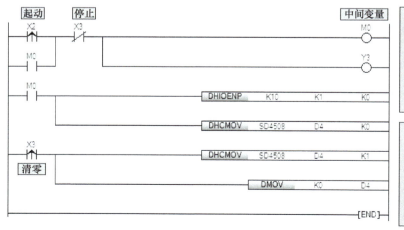

图 8-33　直流电动机转速测量程序

第 9 章

FX5U PLC 定位控制程序设计

本章要点

- ◆ 运动控制相关器件
- ◆ 相对定位与绝对定位概述
- ◆ 步进滑台相对定位控制的案例
- ◆ 步进滑台绝对定位控制的案例

以 PLC、驱动器、步进/伺服电动机和反馈元件组成的运动控制系统，在机床、装配、纺织、包装和印刷等多个领域应用广泛。对于 PLC、驱动器、步进/伺服电动机等组成的运动控制系统来说，定位控制是关键，而初学者对 PLC 定位控制程序的编写会面临较大难度，鉴于此，本章将结合步进滑台相对定位与绝对定位等多个实例，对 PLC 定位控制程序的编写进行讲解。

9.1 运动控制相关器件

9.1.1 步进电动机

1. 简介

步进电动机是一种将电脉冲转换成角位移的执行机构，是专门用于精确调速和定位的特种电动机。每输入一个脉冲，步进电动机就会转过一个固定的角度或者说前进一步。改变脉冲的数量和频率，可以控制步进电动机角位移大小和旋转速度。步进电动机外形，如图 9-1 所示。

图 9-1 步进电动机外形

2. 工作原理

（1）单三拍控制下步进电动机的工作原理

单三拍控制中的"单"指的是每次只有一相控制绕组通电。通电顺序为 U→V→W→U 或者按 U→W→V→U 顺序。"拍"是指由一种通电状态转换到另一种通电状态；"三拍"是指经过 3 次切换控制绕组的电脉冲为一个循环。

当 U 相控制绕组通入脉冲时，U、U′为电磁铁的 N、S 极。由于磁路磁通要沿着磁阻最小的路径闭合，这样使得转子齿的 1、3 要和定子磁极的 U、U′对齐，如图 9-2a 所示。

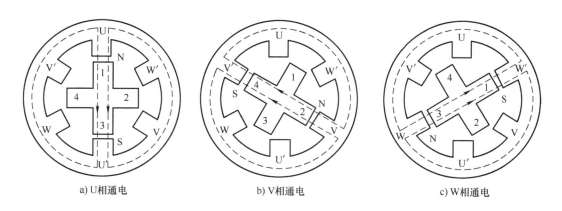

a) U 相通电　　　　　　b) V 相通电　　　　　　c) W 相通电

图 9-2 单三拍控制下步进电动机的工作原理

当 U 相脉冲结束，V 相控制绕组通入脉冲，转子齿的 2、4 要和定子磁极的 V、V′对齐，如图 9-2b 所示。和 U 相通电对比，转子顺时针旋转了 30°。

当 V 相脉冲结束，W 相控制绕组通入脉冲，转子齿的 3、1 要和定子磁极的 W、W′对齐，如图 9-2c 所示。和 V 相通电对比，转子顺时针旋转了 30°。

通过上边的分析可知，如果按 U→V→W→U 顺序通入脉冲，转子就会按顺时针一步一步地转动，每步转过 30°，通入脉冲的频率越高，转得越快。

（2）双三拍和六拍控制下步进电动机的工作原理

双三拍和六拍控制与单三拍控制相比，就是通电的顺序不同，转子的旋转方式与单三拍类似。双三拍控制的通电顺序为 UV→VW→WU→UV；六拍控制的通电顺序为 U→UV→V→VW→W→WU→U。

3. 几个重要参数

（1）步距角

它是指控制系统每发出一个脉冲信号，转子都会转过一个固定的角度，这个固定的角度，就叫步距角。这是步进电动机的一个重要的参数，在步进电动机的铭牌中会给出。步距角的计算公式为 $β=360°/ZKM$，其中 Z 为转子齿数，M 为定子绕组相数，K 为通电系数，当前后通电相数一致时，K 为 1，否则 K 为 2。

（2）相数

它是指定子的线圈组数，或者说产生不同对磁极 N、S 磁场的励磁线圈的对数。目前常用的有两相、三相和五相步进电动机。两相步进电动机步距角为 0.9°/1.8°；三相步进电动机步距角为 0.75°/1.5°；五相步进电动机步距角为 0.36°/0.72°。步进电动机驱动器如果没有细分，用户主要靠选择不同相数的步进电动机来满足自己的步距角；如果有步进电动机驱动器，用户可以通过步进电动机驱动器改变细分来改变步距角，这时相数没有意义了。

（3）保持转矩

它是指步进电动机通电但没转动时，定子锁定转子的力矩。这是步进电动机的另一个重要的参数。

编者有料

1）步进电动机转速取决于通电脉冲的频率；角位移取决于通电脉冲的数量。

2）和普通的电动机相比，步进电动机用于精确定位和精确调速的场合。

9.1.2 步进电动机驱动器

步进电动机驱动器是一种能使步进电动机运转的功率放大器。当控制器发出脉冲信号和方向信号，步进电动机驱动器接收到这些信号后，先进行环形分配和细分，然后进行功率放大，这样就能将微弱的脉冲信号放大成安培级的脉冲信号，从而驱动了步进电动机。

本节将以某公司生产的步进电动机驱动器为例，进行相关内容讲解。步进电动机驱动器外形及端子标注，如图 9-3 所示。

1. 拨码开关设置

拨码开关的设置，是步进电动机驱动器使用中的一项重要内容。步进电动机驱动器通过拨码开关的不同组合，可设定步进电动机的运行电流和细分。有些厂商的驱动器还能通过拨码开关设置半流/全流锁定。

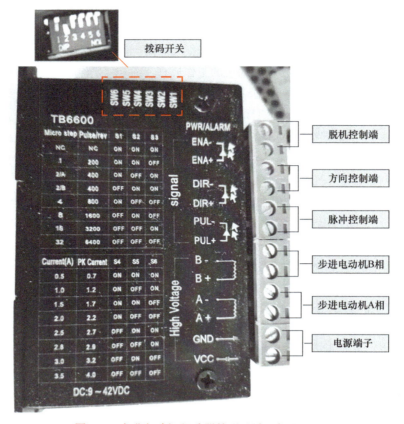

图 9-3 步进电动机驱动器外形及端子标注

（1）细分设定

细分通过 SW1、SW2 和 SW3 三个拨码开关的不同组合来设定。拨码开关 SW1、SW2 和 SW3 的组合，见表 9-1。例如步进电动机铭牌上标注步距角为 1.8°，细分设置为 4（即 SW1 为 ON，SW2 为 OFF，SW3 为 OFF），那么步进电动机转一圈需要脉冲数 =（360°/1.8°）×4= 800 个。

表 9-1 拨码开关 SW1、SW2 和 SW3 的组合

细分倍数	脉冲数/圈	SW1	SW2	SW3
1	200	ON	ON	OFF
2/A	400	ON	OFF	ON
2/B	400	OFF	ON	ON
4	800	ON	OFF	OFF
8	1600	OFF	ON	OFF
16	3200	OFF	OFF	ON
32	6400	OFF	OFF	OFF

(2) 步进电动机运行电流的设定

步进电动机驱动器通过后三个拨码开关（即 SW4、SW5 和 SW6）的不同组合，设定步进电动机的运行电流。在设定运行电流，需查看步进电动机的铭牌中的额定电路，设定的运行电流不能超过步进电动机的额定电流。

步进电动机驱动器后三个拨码开关 SW4、SW5 和 SW6 的组合，见表 9-2。例如步进电动机铭牌额定电流为 1.5A，那么步进驱动器拨码开关 SW4 为 ON，SW5 为 ON，SW6 为 OFF，即此时的运转电流为 1.5A。

表 9-2 拨码开关 SW4、SW5 和 SW6 的组合

电流	SW4	SW5	SW6
0.5	ON	ON	ON
1.0	ON	OFF	ON
1.5	ON	ON	OFF
2.0	ON	OFF	OFF
2.5	OFF	ON	ON
3.0	OFF	ON	OFF
3.5	OFF	OFF	OFF

此外，有些驱动器还能进行半流/全流锁定状态设置。拨码开关能设定驱动器工作在半电流锁定状态，还是全电流锁定状态。拨码开关为 ON 时，驱动器工作在半电流锁定状态；拨码开关为 OFF，驱动器工作在全电流锁定状态。半流锁定状态是指当外部输入脉冲串停止并持续 0.1s 后，驱动器的输出电流将自动切换为正常运行电流的一半以降低发热，保护电动机不受损坏。实际应用中，建议设置成半流锁定状态。

> **编者心语**
>
> 拨码开关的设置在步进电动机编程中非常重要，请结合上面的实例，熟练掌握此部分内容。

2. 步进电动机驱动器与控制器之间的接线

步进电动机驱动器与控制器之间的接线，分为共阳极接法和共阴极接法，如图 9-4 所示。在图 9-4 中，PUL+ 和 PUL− 为步进脉冲信号正负端子，DIR+ 和 DIR− 为方向信号正负端子，VCC 和 GND 为供电电源正负端子。所谓的共阳极接法，是将脉冲正端子和方向正端子分别与控制器的公共端相连，将脉冲负端子和方向负端子分别与控制器的脉冲端和方向端相连；所谓的共阴极接法，是将脉冲负端子和方向负端子分别与控制器的公共端相连，将脉冲正端子和方向正端子分别与控制器的脉冲端和方向端相连；三菱 FX5U PLC 与此款步进电动机驱动器接线时，应采用共阳极接法。

特别需要说明的是，有些步进电动机驱动器 VCC 供电为 5V，步进电动机驱动器各控制端可以和控制器相应输出端直接连接；如果 VCC 供电电压超过 5V，控制器相应输出端就需外加限流电阻，如图 9-5 所示。

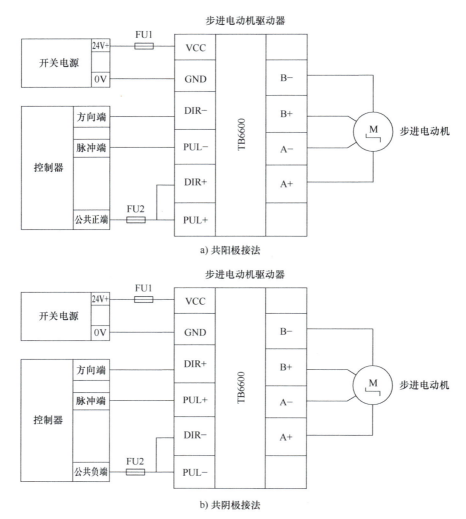

图9-4 步进电动机驱动器与控制器之间的接线

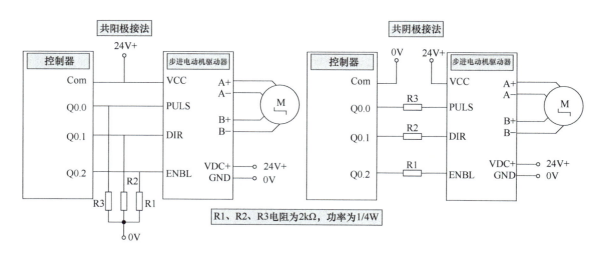

图9-5 特殊情况下的步进电动机驱动器与控制器之间的接线

> **编者有料**
>
> 1)读者在选取步进电动机驱动时,建议按图9-4形式选取,这样能省去限流电阻,使用起来更加方便。
>
> 2)步进电动机驱动器与控制器之间的接线图非常重要,三菱FX5U PLC与步进电动机驱动器进行对接时,应采用图9-4中的共阳极接法,或者采用图9-5中的共阳极接法。
>
> 3)不同的步进电动机驱动器和控制器之间接线会有不同,读者需查看相应厂商的样本。

9.2 相对定位与绝对定位概述

9.2.1 相对定位与绝对定位概念

在定位中,控制对象是在不断地按照控制要求进行位置移动的。这就涉及了控制对象的移动量与其所在位置的表示问题,也就是说控制器采用那种指令和模式来确定控制对象的移动量和停止位置。

控制对象做直线运动时,如果把运动直线看成坐标系,坐标原点看成起始位置的话,坐标系上的任意一点都是确定并且唯一的,而且任意一点都可用与原点的距离和方向来表示。如果想确定控制对象的移动量和停止位置,只需在控制指令上输入相应的坐标即可。对于上述以原点位置作为参考对象的定位方式,叫作绝对定位。注意,在进行绝对定位控制时,控制对象首先要找原点,即回原点,回原点完成后,才能做后续相关的运动控制。

在定位控制中,除了绝对定位外,还会涉及另外一种定位方式,即相对定位。相对定位是以当前位置作为参考,其余位置用与当前位置的距离和方向来表示。

9.2.2 例说相对定位与绝对定位

为了让读者能更好地理解相对定位和绝对定位,下面将通过图9-6所示滑台的移动来说明上述两个概念。

在图9-6中,O为原点,滑块当前位置在A点,现要求通过相对定位和绝对定位两种方式将滑块从A点移动到B点,试问在上述两种定位方式下,滑块如何移动?

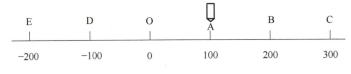

图9-6 滑台移动示意图

1. 相对定位

相对定位注意目标位置是以当前位置作为参考点(即起始点)的,滑块当前停在A点,因此只需移动100mm便可到达目标位置B点;假设滑块当前位置是D点,那么它需要移动

300mm 才可到达目标位置 B 点。相对定位与当前位置有关，任何位置都可以定义为当前位置（起始位置），当前位置（起始位置）不同，控制对象移动的距离也不同。

2. 绝对定位

绝对定位注意目标位置是以原点位置作为参考点（即起始点）的，滑块不论在什么位置首先都要进行回原点操作。滑块当前停在 A 点，首先要回原点（编程有专门的回原点指令），回到原点后，再移动 200mm 便可到达目标位置 B 点；假设滑块当前位置是 D 点，也是首先要进行回原点操作，然后再移动 200mm 到达目标位置 B 点。注意绝对定位的起始点是原点，而相对定位的起始点是当前位置，对于绝对定位来说，每个目标位置都是唯一的，只不过在找目标位置前，进行了一个归零（回原点）操作而已。

9.3 步进滑台相对定位控制的案例

9.3.1 控制要求

扫一扫，看视频

某步进滑台控制系统设有起动和停止按钮各 1 个，按下起动按钮，步进电动机正转，滑台以 120r/min 的速度向右移动 64mm，接着步进电动机反转，滑台再以 120r/min 的速度向左移动 64mm，上述运动往返循环；当按下停止按钮相关运动停止。根据上述控制要求，试设计程序。

9.3.2 选型及相关设置

1）选用三菱 FX5U-32MT/ES 作为控制器。
2）选用 42 系列两相步进电动机，型号：BS42HB47-01，步距角 1.8°，额定电流 1.5A，保持转矩 0.317N·m；选用某公司的步进电动机驱动器 TB6600，来匹配 42 系列两相步进电动机。根据步进电动机的参数，驱动器运行电流设为 1.5A（拨码开关 SW4 为 ON，SW5 为 ON，SW6 为 OFF，请参考表 9-2）；细分设置为 4（拨码开关 SW1 为 ON，SW2 为 OFF，SW3 为 OFF，请参考表 9-1）。
3）PLC 编程软件采用 GX Works3。

9.3.3 PLC 地址输入输出分配

步进滑台相对定位控制输入输出地址分配，见表 9-3。

表 9-3　步进滑台相对定位控制输入输出地址分配

输入量		输出量	
起动按钮	X2	脉冲信号控制	Y0
停止按钮	X1	方向信号控制	Y2

9.3.4 步进滑台相对定位控制的接线图

步进滑台相对定位控制的接线图，如图 9-7 所示。

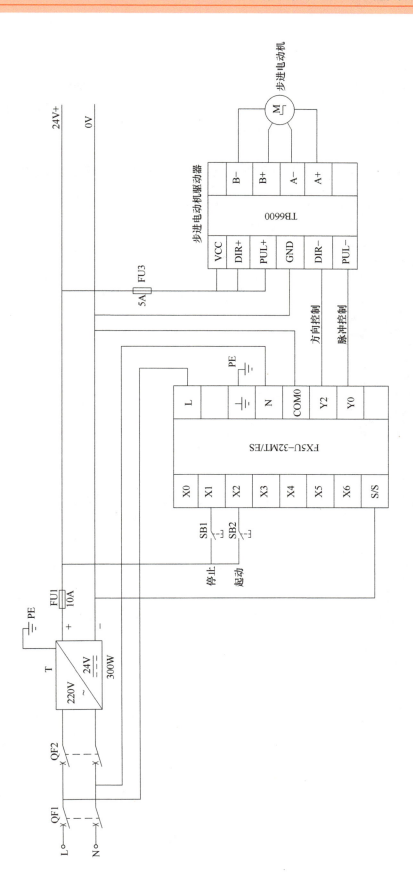

图 9-7 步进滑台相对定位控制的接线图

9.3.5 软件配置参数

在图 9-8 所示的 GX Works3 软件导航窗口中，执行"参数"→"FX5UCPU"→"模块参数"→"高速 I/O"→"输出功能"→"定位"→"详细设置"，会弹出定位设置界面。在该界面的基本设置项目中，进行如下设置，如图 9-9 所示。

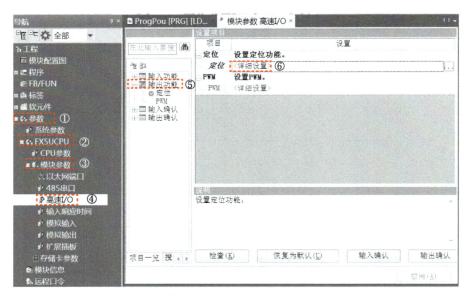

图 9-8　打开定位设置界面

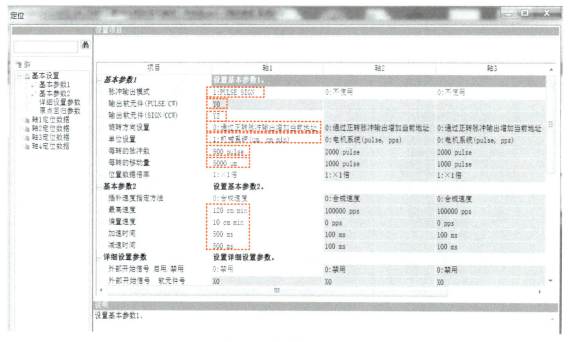

图 9-9　定位设置界面

1. 基本参数1的设置

（1）脉冲输出模式

脉冲输出模式有两种，可以选择"PULSE/SIGN"或"CW/CCW"。选择[PULSE/SIGN]时，通过脉冲串和方向信号输出进行定位；选择"CW/CCW"时，通过正转脉冲串、反转脉冲串的输出进行定位。"PULSE/SIGN"和"CW/CCW"模式的输出形式，如图9-10所示。本例选择"PULSE/SIGN"，"PULSE"即脉冲串端子为Y0，"SIGN"即方向端子为Y2。

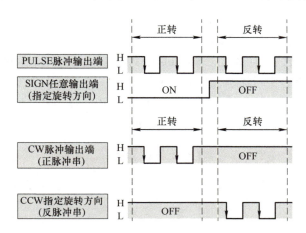

图9-10 "PULSE/SIGN"和"CW/CCW"模式的输出形式

（2）旋转方向设置

旋转方向设置有两种方式，可以选择"通过正转脉冲输出增加当前地址"时，当前地址在正转脉冲输出时增加，在反转脉冲输出时减少；选择"通过反转脉冲输出增加当前地址"时，当前地址在反转脉冲输出时增加，在正转脉冲输出时减少。

（3）单位设置

设定在定位中使用的单位制（用户单位）。所选择的单位制为定位指令中使用的速度、位置关系的特殊软元件及定位指令的操作数（指令速度、定位地址）的单位。定位控制中的单位制有电机单位制、机械单位制、复合单位制3种，具体见表9-4。

表9-4 定位控制中的单位制

单位制	项目	位置单位	速度单位	备注
电机单位制	电机系统（pulse, pps）	pulse	pps	位置的指令及速度的指令以脉冲数为基准
机械单位制	机械系统（um, cm/min）	μm	cm/min	以位置的指令及速度的指令的μm、10^{-4}inch、mdeg为基准
	机械系统（0.0001inch, inch/min）	10^{-4}inch	inch/min	
	机械系统（mdeg, 10deg/min）	mdeg	10deg/min	
复合单位制	复合系统（um, pps）	μm	pps	位置的指令使用机械单位制，速度的指令使用电机单位制和复合单位制
	复合系统（0.0001inch, pps）	10^{-4}inch		
	复合系统（mdeg, pps）	mdeg		

> **编者有料**
>
> 定位控制中的单位以电机系统（pulse，pps）和机械系统（um，cm/min）应用最多，尤其是机械系统（um，cm/min），工程中常用的距离单位为 mm，转速单位为 r/min，而 FX5U 中机械系统距离单位为 μm，转速单位为 cm/min，读者要注意实际应用中的单位换算，请结合相对定位和绝对定位案例去理解。

（4）每转的脉冲数和每转的移动量设置

本例中根据前面的选型和驱动器的设置，步进电动机的步距角为 1.8°，步进电动机驱动器细分设置为 4，因此每转的脉冲数应为 800pulse，即（360°/1.8°）×4=800；每转的移动量应为 8mm，而 GX Works3 软件中机械系统移动量单位为 μm，根据单位换算，软件中每转移动量应该输入 8000μm。需要指出的是，每转移动量（电动机转一转丝杠移动的距离）需要结合丝杠的导程，导程 = 螺距 × 螺纹头数，本例导程 =8mm×1=8mm。

> **编者有料**
>
> 每转的脉冲数和每转的移动量的设置，是后续程序实现的关键步骤之一，读者应认真理解。

2. 基本参数 2 的设置

（1）最高速度和偏置速度设置

最高速度是指对指令速度、原点回归速度、爬行速度的上限值（最高速度）进行设定。偏置速度是指对指令速度、原点回归速度、爬行速度的下限值（偏置速度）进行设定。根据控制要求，步进电动机的运行速度为 120r/min，而 GX Works3 软件中的机械系统速度单位 cm/min，那么需要将 r/min 换算为 cm/min。根据上边设置每转移动量为 8mm，步进电机转 120 转移动的距离为 8mm×120=960mm=96cm，因此步进电动机的运行速度经过单位换算后为 96cm/min。最高速度要比运行速度要高，偏置速度要尽量小，因此本例最高速度设置为 120cm/min，偏置速度设置为 10cm/min。

（2）加速时间和减速时间

加速时间是指设定从偏置速度达到最高速度的加速时间。加速时间可在 0～32767ms 的范围内设定。指令速度＜最高速度时，实际的加速时间比设定时间短。本例加速时间设置为 500ms。

减速时间是指设定从最高速度达到偏置速度的减速时间。减速时间可在 0～32767ms 的范围内设定。指令速度＜最高速度时，实际的减速时间比设定时间短。本例减速时间设置为 500ms。

9.3.6 相对定位指令及特殊寄存器

1. 相对定位指令

相对定位指令和其他的应用指令一样，按处理数据长度可以分为 16 位数据指令和 32 位数据指令；相对定位指令的指令格式，见表 9-5。

表 9-5　相对定位指令的指令格式

指令	操作数	内容	范围	数据类型	数据类型（标签）
DRVI/DDRVI (s1)(s2)(d1)(d2)	(s1)	定位地址或存储数据的字元件编号	−32768～+32767/−2147483648～+2147483647（用户单位）	带符号BIN16位/BIN32位	ANY16/ANY32
	(s2)	指令速度或存储数据的字元件编号	1～65535/1～2147483647（用户单位）	无符号BIN16位/BIN32位	ANY16/ANY32
	(d1)	输出脉冲的轴编号	FX5S CPU 模块 K1～K4 FX5UJ CPU 模块 K1～K3 FX5U/FX5UCCPU 模块 K1～K12	无符号BIN16位	ANY_ELEMENTARY（WORD）
	(d2)	指令执行结束、异常结束标志位的位元件编号	—	位	ANY_BOOL
	EN	执行条件	—	位	BOOL
	ENO	执行结果	—	位	BOOL

2. 定位相应的特殊寄存器

定位相应的特殊寄存器，见表 9-6。

表 9-6　特殊寄存器

FX5U CPU 专用				名称	R/W
轴1	轴2	轴3	轴4		
SD5500、SD5501	SD5540、SD5541	SD558、SD5581	SD5620、SD5621	当前地址（用户单位）	R/W
SD5502、SD5503	SD5542、SD5543	SD558、SD5583	SD5622、SD5623	当前地址（脉冲单位）	R/W
SD5504、SD5505	SD5544、SD5545	SD558、SD5585	SD5624、SD5625	当前速度（用户单位）	R
SD5510	SD5550	SD5590	SD5630	定位出错代码	R/W
SD5516、SD5517	SD5556、SD5557	SD5596、SD5597	SD5636、SD5637	最高速度	R/W
SD5518、SD5519	SD5558、SD5559	SD5598、SD5599	SD5638、SD5639	偏置速度	R/W
SD5520	SD5560	SD5600	SD5640	加速时间	R/W
SD5521	SD5561	SD5601	SD5641	减速时间	R/W

9.3.7　步进滑台相对定位控制程序及解析

步进滑台相对定位运动控制程序及解析，如图 9-11 所示。

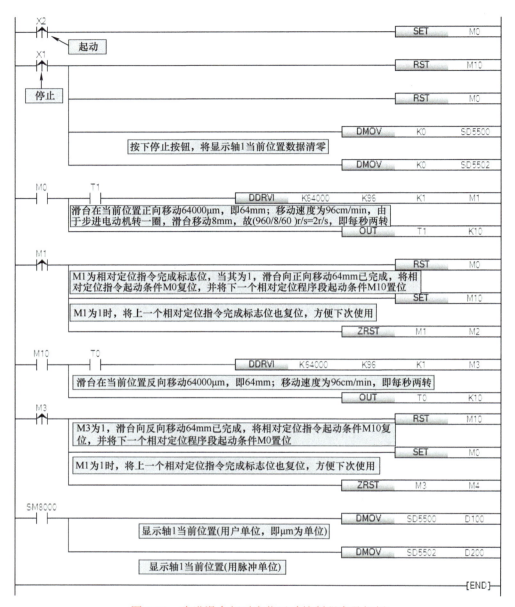

图 9-11 步进滑台相对定位运动控制程序及解析

> **编者有料**
>
> 本例实用性非常强,是笔者 10 余年工作的总结,读者在学习本例时需注意如下几点:
> 1)结合 9.1 节真正学会步进电动机驱动器运行电流和细分的设置这点在实际工程中经常会遇到。
> 2)本例给出了步进滑台运动控制系统的硬件图样,读者需熟练掌握,以便用到实际工程中,在硬件设计时,需注意 FX5U PLC 与步进电动机驱动器的对接时,应采用图 9-4 中的共阳极接法,或者采用图 9-5 中的共阳极接法。
> 3)在软件参数配置时,需理解每步设置的意图。

9.4 步进滑台绝对定位控制的案例

9.4.1 控制要求

某步进滑台控制系统需要绝对定位控制，因此设有起动按钮、停止按钮和寻原点按钮各 1 个，在做任何运动控制之前，都需要先进行寻原点操作，原点限位为 SQ1。当寻原点操作完成后，按下起动按钮，步进电动机反转，滑台以 80cm/min 的速度向左移动 10mm，当碰到左限位 SQ2，步进电动机正转，滑台以 80cm/min 的速度向右移动 30mm 后停止，当按下停止按钮相关运动停止。根据上述控制要求，试设计程序。

扫一扫，看视频

9.4.2 硬件选型及相关设置

1）选用三菱 FX5U-32MT/ES 作为控制器。

2）选用 42 系列两相步进电动机，型号为 BS42HB47-01，步距角为 1.8°，额定电流为 1.5A，保持转矩为 0.317N·m；选用某公司的步进电动机驱动器 TB6600，来匹配 42 系列两相步进电动机。根据步进电动机的参数，驱动器运行电流设为 1.5A（拨码开关 SW4 为 ON，SW5 为 ON，SW6 为 OFF，请参考表 9-2）；细分设置为 4（拨码开关 SW1 为 ON，SW2 为 OFF，SW3 为 OFF，请参考表 9-1）。

3）PLC 编程软件采用 GX Works3。

9.4.3 PLC 地址输入输出分配

步进滑台绝对定位控制输入输出地址分配，见表 9-7。

表 9-7 步进滑台绝对定位控制输入输出地址分配

输入量		输出量	
起动按钮	X5	脉冲信号控制	Y0
停止按钮	X3	方向信号控制	Y2
右限位	X2		
左限位	X1		
原点限位	X0		
寻原点按钮	X4		

9.4.4 步进滑台绝对定位控制的接线图

步进滑台绝对定位控制的接线图，如图 9-12 所示。

9.4.5 软件参数设置

在图 9-8 的 GX Works3 软件导航窗口中，执行"参数"→"FX5UCPU"→"模块参数"→"高速 I/O"→"输出功能"→"定位"→"详细设置"，会弹出定位设置界面。在该界面的基本设置项目中，进行如下设置，如图 9-13 所示。

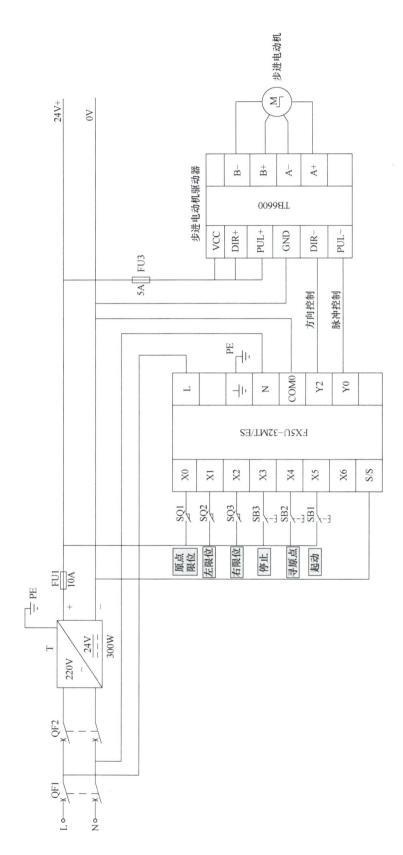

图 9-12 步进滑台绝对定位控制的接线图

第9章 FX5U PLC 定位控制程序设计

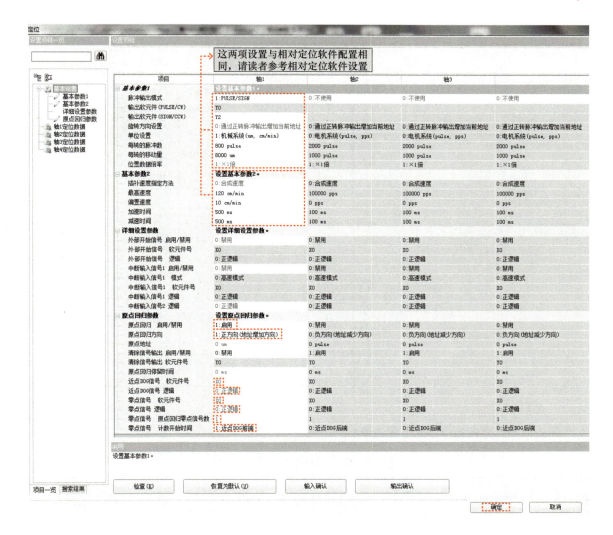

图 9-13 定位设置界面

绝对定位 GX Works3 软件基本参数 1 的设置和基本参数的 2 设置与相对定位一致，读者可参考相对定位软件设置，本案例重点讲解绝对定位特有的原点回归参数设置。

1. 原点回归方向

原点回归方向分为两种，分别为正方向（地址增加方向）和负方向（地址减少方向）。

2. 近点和零点

由于本案例没有近点，故此近点和零点（原点）设置为同一个 X0。

9.4.6 绝对定位相关指令

1. 绝对定位指令

绝对定位指令和相对定位指令一样，按处理数据长度可以分为 16 位数据指令和 32 位数据指令。绝对定位指令的指令格式，见表 9-8。

表 9-8　绝对定位指令的指令格式

指令	操作数	内容	范围	数据类型	数据类型（标签）
DRVA/DDRVA (s1)(s2)(d1)(d2)	（s1）	定位地址或存储数据的字元件编号	－32768～＋32767/－2147483648～＋2147483647（用户单位）	带符号BIN16位/BIN32位	ANY16/ANY32
	（s2）	指令速度或存储数据的字元件编号	1～65535/1～2147483647（用户单位）	无符号BIN16位/BIN32位	ANY16/ANY32
	（d1）	输出脉冲的轴编号	FX5S CPU 模块 K1～K4 FX5UJ CPU 模块 K1～K3 FX5U/FX5UC CPU 模块 K1～K12	无符号BIN16位	ANY_ELEMENTARY（WORD）
	（d2）	指令执行结束、异常结束标志位的位元件编号	—	位	ANY_BOOL
	EN	执行条件	—	位	BOOL
	ENO	执行结果	—	位	BOOL

2. 原点回归指令

原点回归指令的指令格式，见表 9-9。

表 9-9　原点回归指令的指令格式

指令	操作数	内容	范围	数据类型	数据类型（标签）
DSZR/DDSZR (s1)(s2)(d1)(d2)	（s1）	原点回归速度或存储了数据的字元件编号	1～65535/1～2147483647（用户单位）	带符号BIN16位/BIN32位	ANY_ELEMENTARY（WORD）
	（s2）	爬行速度或存储了数据的字元件编号	1～65535/1～2147483647（用户单位）	无符号BIN16位/BIN32位	ANY_ELEMENTARY（WORD）
	（d1）	输出脉冲的轴编号	FX5S CPU 模块 K1～K4 FX5UJ CPU 模块 K1～K3 FX5U/FX5UC CPU 模块 K1～K12	无符号BIN16位	ANY_ELEMENTARY（WORD）
	（d2）	指令执行结束、异常结束标志位的位元件编号	—	位	ANY_BOOL
	EN	执行条件	—	位	BOOL
	ENO	执行结果	—	位	BOOL

3. 原点回归动作图示

原点回归动作图示，如图 9-14 所示。当 FX5U PLC 发出原点回归指令，开始从偏置速度进行加速的动作；到达原点回归速度后，以原点回归速度进行动作；检测出近点 DOG 后，进行减速动作；到达爬行速度后，以爬行速度进行动作；近点 DOG ON → OFF 后，检测出零点信号后，将停止脉冲输出。

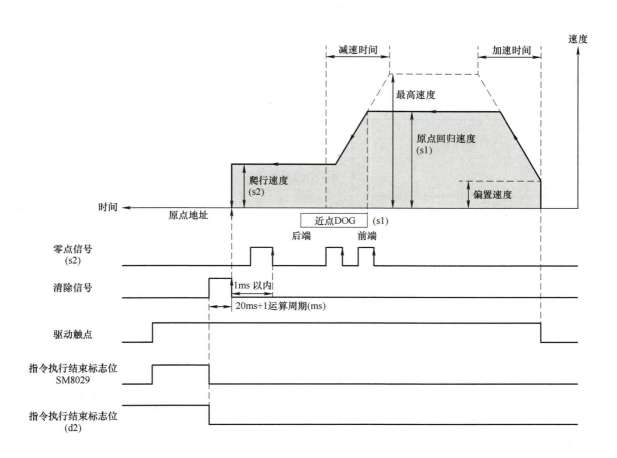

图 9-14　原点回归动作图示

9.4.7　步进滑台绝对定位控制程序及解析

步进滑台绝对定位运动控制程序及解析，如图 9-15 所示。

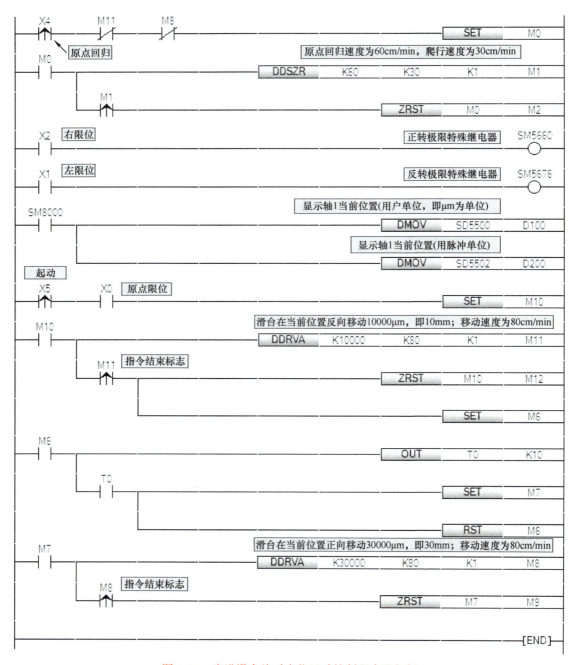

图 9-15 步进滑台绝对定位运动控制程序及解析

第10章

FX5U PLC 综合应用案例

本章要点

- ◆ FX5U PLC 和 MCGS 触摸屏组态软件联机实现交通灯控制
- ◆ FX5U PLC 两种液体混合控制案例

10.1 FX5U PLC 和 MCGS 触摸屏组态软件联机实现交通灯控制

10.1.1 交通灯的控制要求

交通信号灯布置，如图 10-1 所示。按下起动按钮，东西方向绿灯亮 25s 闪烁 3s 后熄灭，然后黄灯亮 2s 后熄灭，紧接着红灯亮 30s 后再熄灭，再接着绿灯亮……如此循环；在东西方向绿灯亮的同时，南北方向红灯亮 30s，接着绿灯亮 25s 闪烁 3s 后熄灭，然后黄灯亮 2s 后熄灭，红灯亮……如此循环，具体见表 10-1。

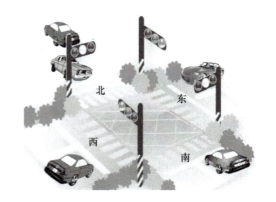

图 10-1 交通信号灯布置图

表 10-1 交通灯工作情况表

东西方向	绿灯	绿闪	黄灯	红灯		
	25s	3s	2s	30s		
南北方向	红灯			绿灯	绿闪	黄灯
	30s			25s	3s	2s

10.1.2 硬件设计

交通灯控制系统的 I/O 分配，见表 10-2。硬件接线图，如图 10-2 所示。本案例需要装有 GX Work3 编程软件和 MCGS 触摸屏组态软件的计算机 1 台；1 台三菱 FX5U-32MT/ES；1 条 RS-485 转 USB 线。

表 10-2 交通灯控制系统的 I/O 分配

输入量		输出量	
起动	M10	东西绿灯	Y0
停止	M11	东西黄灯	Y1
		东西红灯	Y2
		南北绿灯	Y3
		南北黄灯	Y4
		南北红灯	Y5

10.1.3 PLC 程序设计

从控制要求上看，此例编程规律不难把握，故可采用经验设计法。由于东西、南北交通灯工作规律完全一致，所以写出东西或南北这一半程序，另一半程序对应写出即可。首先构造起保停电路；其次构造定时电路；最后根据输出情况写输出电路。具体程序，如图 10-3 所示。

第 10 章 FX5U PLC 综合应用案例

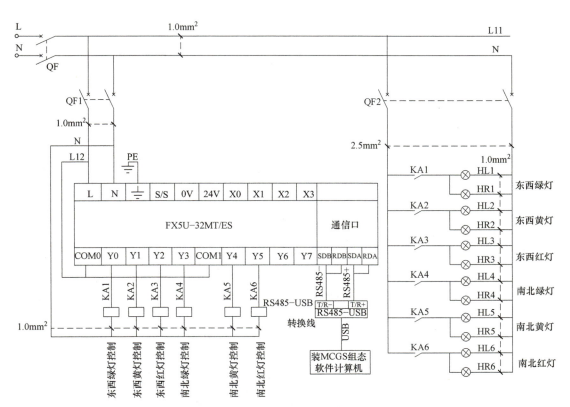

图 10-2 交通灯控制系统硬件接线图

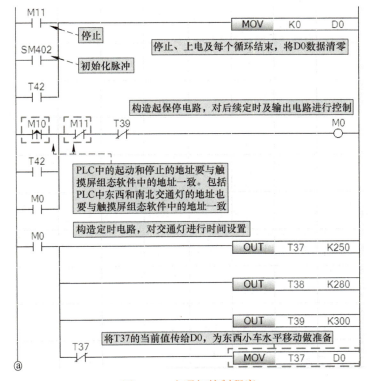

图 10-3 交通灯控制程序

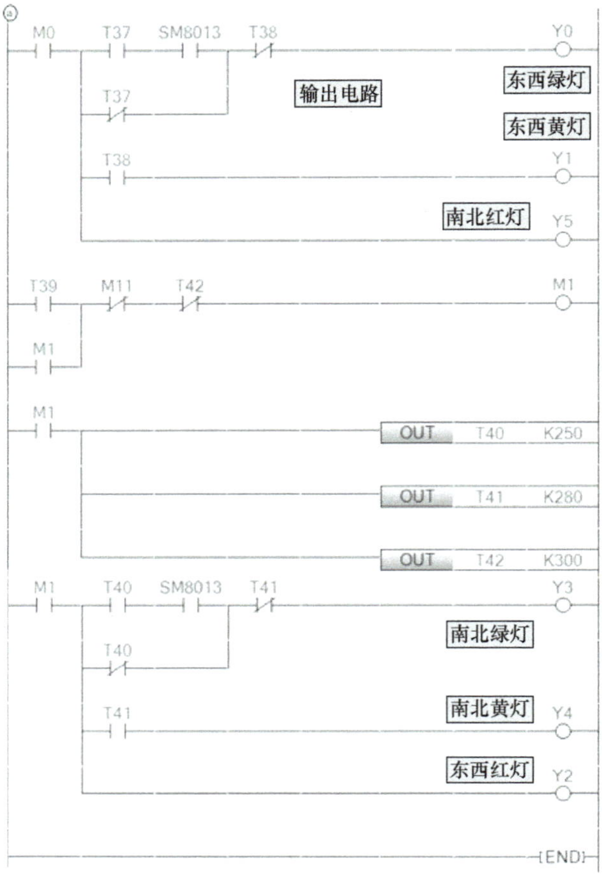

图 10-3 交通灯控制程序（续）

10.1.4 触摸屏画面设计及组态

1. 新建工程

双击桌面 MCGS 组态软件图标 ，进入组态环境。单击菜单栏中的"文件"→"新建"，会出现"新建工程设置"对话框，如图 10-4 所示。在"类型"中可以选择所需要的触摸屏系列，这里选择"TPC7062KX"系列；在"背景色"中，可以选择所需要的背景颜色；这里有一点需要注意，就是分辨率 800×480，有时候背景以图片形式出现时，所用图片的分辨率也必须为 800×480，否则触摸屏显示出来会失真。设置完后，单击"确定"，会出现图 10-5 的画面。

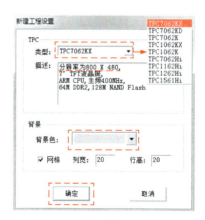

图 10-4 新建工程设置

2. 首页画面制作

（1）新建窗口

在图 10-6 中，单击 用户窗口，进入用户窗口，这时可以制作画面了。单击 新建窗口 按钮，会出现 ，如图 10-6 所示。

图 10-5　工作界面

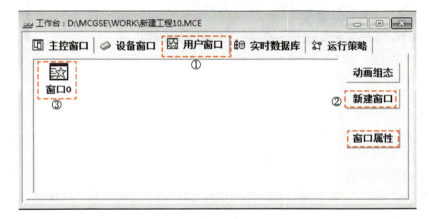

图 10-6　新建窗口

（2）窗口属性设置

选中"窗口 0"，单击 窗口属性 按钮，出现图 10-7 画面。这时可以改变"窗口的属性"。在窗口名称可以输入想要的名称，本例窗口名称为"首页"。在"窗口背景"中，可以选择所需要的背景颜色；设置完成后，单击"确定"，窗口名称由"窗口 0"变成了"首页"，设置步骤如图 10-7 所示。

（3）插入位图

双击图标 ，进入"动态组态首页"画面。单击工具栏中的 ，会出现"工具箱"，这时利用"工具箱"就可以进行画面制作了。单击 按钮，在工作区域进行拖拽，之后单击右键"装载位图"，找到要插入图片的路径，这样就把想要插入的图片插到"首页"里了，如图 10-8 所示。本例中插入的是"大树图片"。

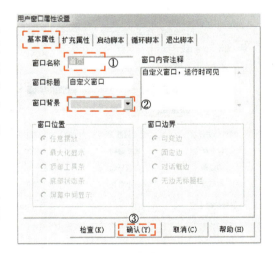

图 10-7　用户窗口属性设置

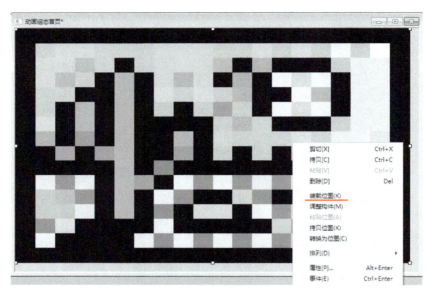

图 10-8　装载位图

（4）插入标签

在工具箱中，单击 A 按钮，在画面中拖拽，双击该标签，进入"标签动画组态属性设置"界面，如图 10-9 所示。此处可分别进行"属性设置"和"扩展设置"。在"扩展设置"中的"文本内容输入"项输入"交通灯控制系统"字样；水平和垂直对齐设置为"居中"，文字内容排列设置为"横向"。在"属性设置"中"填充颜色""边线颜色"项选择"没有填充"和"没有边线"；"字符颜色"项"颜色"设置为蓝色；单击 按钮，会出现"字体"对话框，如图 10-10 所示。

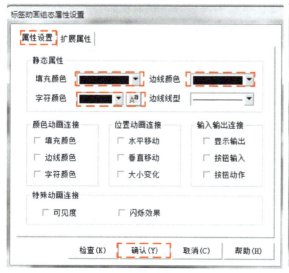 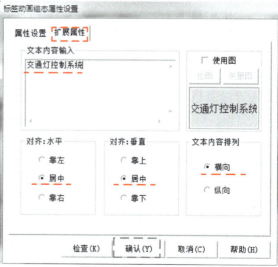

图 10-9　标签动画组态属性设置

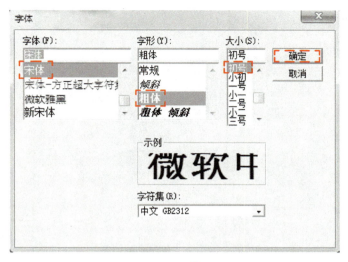

图 10-10 字体设置

设计者和设计时间两个标签制作方法与上述方法相似，可参考图 10-12 进行理解，故不再赘述。

（5）插入按钮

在工具箱中，单击 按钮，在画面中拖拽到合适大小，双击该按钮，进入"标准按钮构件属性设置"界面，如图 10-11 所示。此时可分别进行"基本属性"和"操作属性"设置。在"基本属性"中的"文本"项输入"进入主页"字样；水平和垂直对齐设置为"中对齐"；"文本颜色"项设置为紫色；单击 按钮，会出现"字体"对话框，与标签中的设置方法相似，故不再赘述，背景色设为蓝色。将"操作属性"中的"打开用户窗口"项打钩，单击倒三角，选择"交通灯控制系统"（注意，交通灯控制系统窗口，要提前新建，步骤与首页新建一致）。

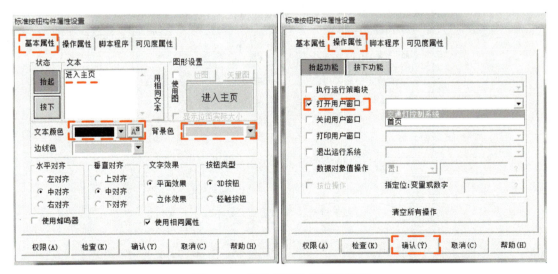

图 10-11 标准按钮构建属性设置

首页画面制作的最终结果，如图 10-12 所示。

图 10-12　首页画面制作的最终结果

3. 交通灯控制系统画面制作

（1）新建窗口

步骤参考"主页"新建，这里不赘述。

（2）窗口属性设置

窗口属性设置，如图 10-13 所示。

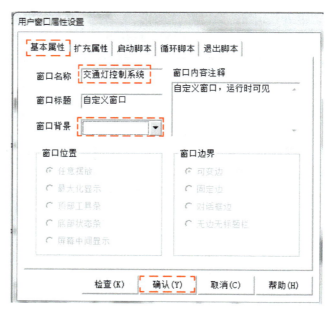

图 10-13　交通灯画面用户窗口属性设置

（3）插入标签

此画面标签共有 5 个，分别为"交通灯控制系统""东""南""西"和"北"；标签制作请参考"首页"中的标签制作方法，此处不再赘述。

（4）车辆和树图标插入

单击工具箱中的 ，在"图形元件库"中找到"车"文件夹并打开，找到"装载机 1"和"油罐车 4"。在"图形元件库"中找到"其他"文件夹并打开，找到"树"。

（5）交通灯插入

单击工具箱中的 ，在"图形元件库"中找到"指示灯"文件夹并打开，找到"指示灯 19"。需要说明，"指示灯 19"本例中进行了简单的改造，在"指示灯 19"图标上右击，执行"排列"→"分解单元"，去掉灯杆，之后右击执行"排列"→"合成单元"。

（6）按钮插入

按钮插入，请参考"首页"中的按钮插入，此处不再赘述。交通灯控制系统页中有 3 个按钮，分别为起动、停止和返回。

（7）十字路口图标

十字路口是用矩形拼出来的，点击工具箱中的 ，可得矩形，注意填充色改成蓝色。

4. 变量定义

（1）数值型变量添加

变量定义在 实时数据库 中完成的。单击 新增对象 ，会出现 InputETime1，双击此项，会进入"数据对象属性设置"，在"对象名称"项输入"东西运动数据"；在"对象初值"项输入"0"；在"最小值"中输入"0"，在"最大值"中输入"250"，也就意味着只接收 0 ~ 250 的数据；在"对象类型"项，选择"数值"，设置完毕，单击"确定"，如图 10-14 所示。

（2）开关变量添加

再次单击 新增对象 ，会出现 东西运动数据 1，双击此项，会进入"数据对象属性设置"，在"对象名称"项输入"起动"；在"对象初值"项输入"0"；在"对象类型"项，选择"开关"，设置完毕，单击"确定"，如图 10-15 所示。其余开关变量定义，如停止、东西红灯、东西绿灯、南北红灯等可以仿照"起动"变量定义步骤，这里不再赘述。

变量定义的最终结果，如图 10-16 所示。

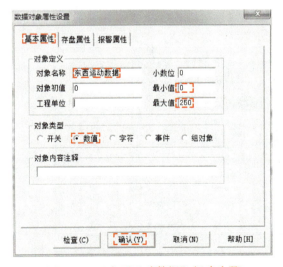

图 10-14 "东西运动数据"新建步骤

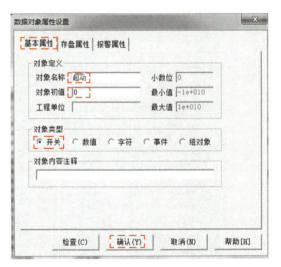

图 10-15 "起动"新建步骤

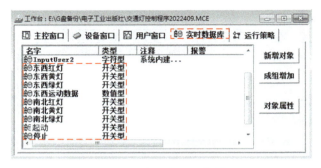

图 10-16　变量定义最终结果

5. 变量链接

将工作窗口切换到 用户窗口，双击 ，进入此画面，将按钮和交通灯与变量链接。

（1）按钮与变量链接

1）起动按钮与变量链接：双击起动按钮，会出现 标准按钮构件属性设置 界面，在"操作属性"，按下 抬起功能 按钮，在"数据对象值操作"项前打对勾，单击 ，选择"清0"，单击 ？ ，会出现"变量选择"界面，如图 10-17 所示，选择"起动"，点击"确定"，按钮"抬起功能"设置完成。按钮"按下功能"设置与"抬起功能"设置类似，不再赘述。设置结果，如图 10-18 所示。

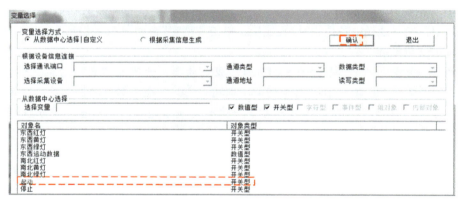

图 10-17　变量选择

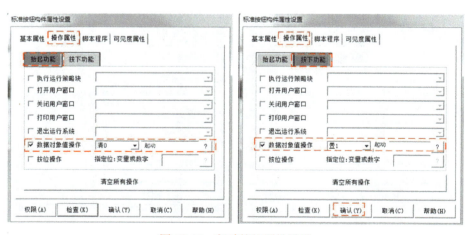

图 10-18　起动按钮属性设置

2）停止按钮与变量链接：步骤与起动按钮链接类似，设置结果如图10-19所示。

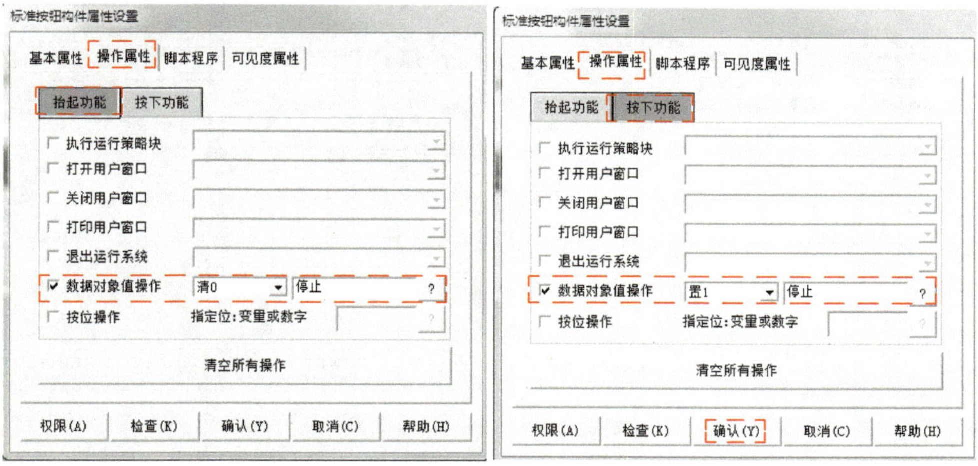

图10-19 停止按钮属性设置

3）返回按钮与变量链接：设置结果如图10-20所示。

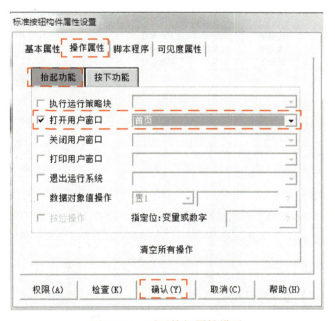

图10-20 返回按钮属性设置

（2）交通灯与变量链接

现以东侧交通灯为例，进行讲解。双击东侧交通灯，会出现"单元属性设置"界面，单击 动画连接，东侧的红、黄、绿交通灯可以进行变量链接了。选中第一个三维圆球，单击 > ，选中东西黄灯；绿灯和红灯道理一致，故不赘述，变量链接结果，如图10-21所示，西侧交通灯变量链接和东侧完全一致。南、北两侧交通灯变量链接完全一致，和东侧交通灯链接方法相似，具体步骤不再赘述。变量链接结果，如图10-22所示。

图 10-21 交通灯单元属性设置

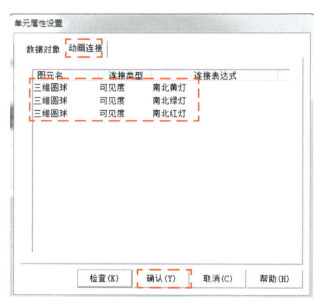

图 10-22 交通灯与变量链接的最终结果

（3）装载机和油罐车与变量链接

现以装载机为例，进行讲解。双击装载机，会出现"单元属性设置"界面，单击 动画连接，选中"组合图符"行，单击后边的 > ，会出现"动画组态属性设置"界面。在该界面的"表达式"项选中变量"东西运动数据"；该界面的"水平移动连接"项的"最小移动偏移量"和"最大移动偏移量"分别输入"0"和"800"；该界面的"水平移动连接"项的"最小移动偏移量"对应"表达式"的值输入"0"，"最大移动偏移量"对应"表达式"的值输入"250"，设置完成，单击"确定"。上述操作步骤，如图 10-23 所示。

鉴于油罐车与装载机的变量链接过程相似，链接的具体步骤不再赘述。油罐车与变量链接的最终结果，如图 10-24 所示。

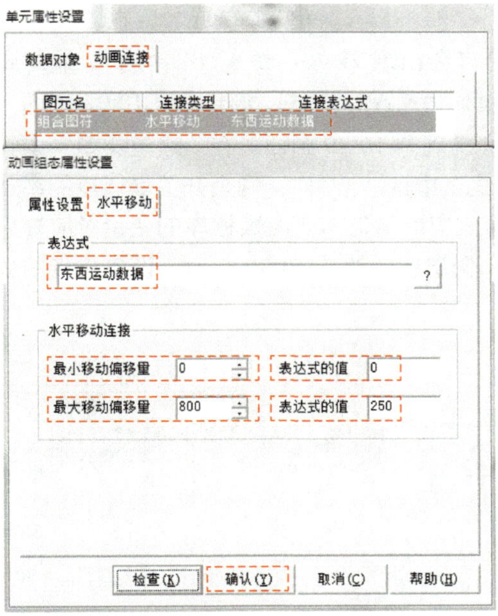

图 10-23 装载机与变量链接的最终结果 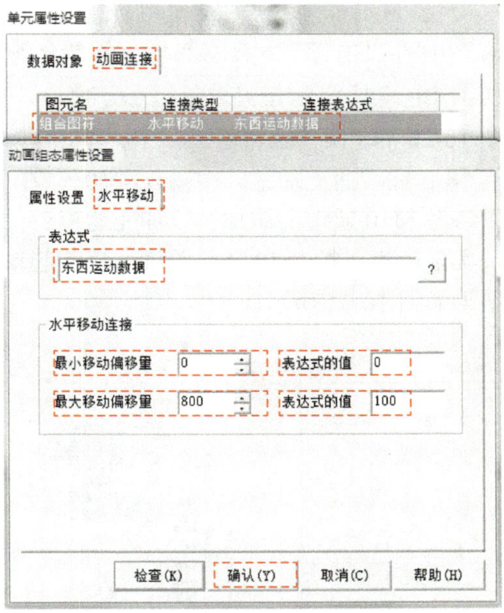　　图 10-24 油罐车与变量链接的最终结果

经过上述操作，交通灯控制系统画面的最终结果，如图 10-25 所示。

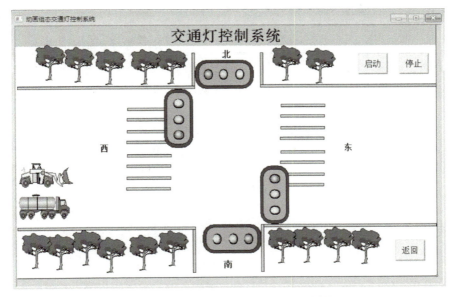

图 10-25 交通灯控制系统画面的最终结果

6. 设备连接

在图 10-5 中，单击 [设备窗口]，进入设备窗口界面。单击 [设备组态]，会出现设备组态窗口画面，单击工具栏中的 [※] 按钮，会出现"设备工具箱"，单击设备工具箱中的"设备管理"按钮，如图 10-26a 所示，会出现图 10-26b 所示画面，先选中 [通用串口父设备]，再选中 [三菱_FX系列串口]，以上选中的两项就会出现在"设备工具箱"中，如图 10-26c 所示。在"设备工具箱"中，先

双击 通用串口父设备,"设备组态窗口"中会出现 通用串口父设备0--[通用串口父设备],之后在"设备工具箱"中再双击 三菱_FX系列串口,在"设备组态"窗口会出现 设备0--[三菱_FX系列串口],最终画面如图 10-27 所示。在"设备组态"窗口,双击 设备0--三菱_FX系列串口,会出现图 10-28 画面。在图 10-28 的"设备编辑窗口"中,单击 增加设备通道,会出现图 10-29 画面。在"通道类型"中找到 M寄存器;在"通道地址"中输入"10";在"读写方式"中选"读写";剩余开关量通道的添加可以参考 M10 通道的添加。添加完通道后,一定要将相应的通道与实时数据库的变量对应好,这是实现触摸屏控制 PLC 的关键。以"起动"为例,变量选择如图 10-30 所示。设备连接的最终结果如图 10-31 所示。

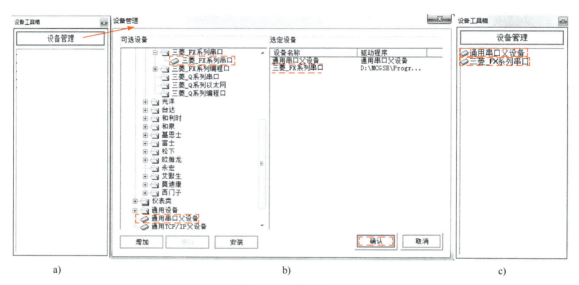

图 10-26 设备管理

图 10-27 串口设置的最终结果

图 10-28　设备编辑窗口

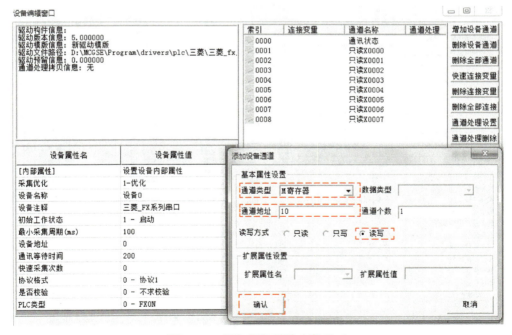

图 10-29　添加设备通道（类型 1）

图 10-30 变量选择

图 10-31 设备连接最终结果

10.1.5 联机通信参数配置

1. 三菱 FX5U-32MT/ES 串口 RS-485 参数设置

打开 GX Work3 编程软件,打开项目树的"参数"文件夹,在该文件夹下执行"FX5U CPU"→"模块参数"→"485 串口",即可打开项目参数一览表。在"基本设置"中,将协议设置为"MC 协议",波特率设置为"9600bps",奇偶校验设置为"无",数据长度设置为"7bit",停止位设置为"1bit",校验设置为"不添加",如图 10-32 所示。

扫一扫,看视频

图 10-32 三菱 FX5U-32MT/ES 串口 RS-485 参数设置

2. MCGS 组态软件设备组态参数设置

打开 MCGS 设备组态窗口,双击"通用串口父设备 0",会打开"通用串口设备属性编辑"对话框,将串口端口号设置为"COM4"(设置 COM4 需在 RS-485 转 USB 线插到计算机上时,查看计算机中的设备管理器的端口,见图 10-33),通信波特率设置为 9600,其余默认。上述设置,如图 10-34 所示。

3. 程序下载

在工具栏中,单击 按钮,会出现下载配置界面,如图 10-35 所示。在"连接方式"项选择"USB 通讯",要有实体触摸屏的话,单击"连机运行",如果没有,可以"模拟运行",之后单击"工程下载",这时程序会下载到触摸屏或模拟软件中;程序下载完成后,单击"启动运行"。本例中采用模拟运行。

图 10-33 计算机 COM 端口查看

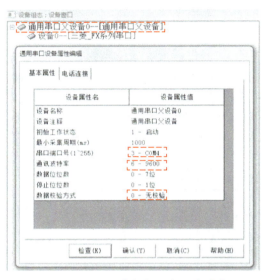

图 10-34　MCGS 组态软件设备组态参数设置

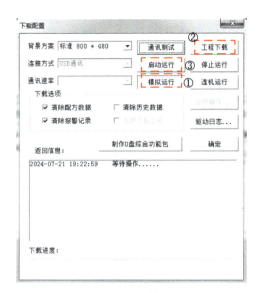

图 10-35　下载配置

> **编者有料**
>
> 1）FX5U PLC 和 MCGS 触摸屏组态软件联机的目的在于在没有实际触摸屏的前提下，也能验证 FX5U 程序和触摸屏的相关组态是否正确。
>
> 2）10.1.5 节详细阐述了联机时对 FX5U 和 MCGS 组态软件相关通信参数的设置，这是实现联机的关键，读者需熟练掌握。

10.2　FX5U PLC 两种液体混合控制案例

在实际工程中，很多时候不单纯是一种量的控制（这里的量指的是数字量、模拟量等），往往是多种量的相互配合。两种液体混合控制就是数字量和模拟量配合控制的典型案例。本节将以两种液体混合控制为例，重点讲解含有多个量控制的 PLC 控制系统的设计。

10.2.1　两种液体控制系统的控制要求

两种液体混合控制系统示意图，如图 10-36 所示。具体控制要求如下：

1. 初始状态

容器为空，阀 A~阀 C 均为 OFF，液

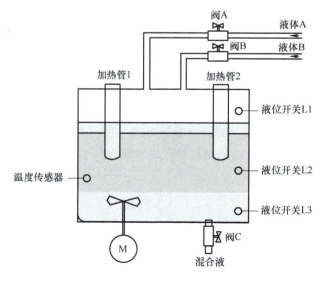

图 10-36　两种液体混合控制系统示意图

位开关 L1、L2、L3 均为 OFF，搅拌电动机 M 为 OFF，加热管不加热。

2. 起动运行

按下起动按钮后，打开阀 A，注入液体 A；当液面到达 L2（L2=ON）时，关闭阀 A，打开阀 B，注入液体 B；当液面到达 L1（L1=ON）时，关闭阀 B，同时搅拌电动机 M 开始运行搅拌液体，30s 后电动机停止搅拌；接下来，2 个加热管开始加热，当温度传感器检测到液体的温度为 60℃时，加热管停止；阀 C 打开放出混合液体；当液面降至 L3 以下（L1=L2=L3=OFF）时，再过 10s 后，容器放空，阀 C 关闭。

3. 停止运行

按下停止按钮，系统完成当前工作周期后停在初始状态。

10.2.2　PLC 及相关元件选型

两种液体混合控制系统采用三菱 FX5U-32MR CPU 模块，该 PLC 为 AC 供电，DC 输入、继电器输出型。

整个系统输入信号有 10 个，9 个为开关量，其中 1 个为模拟量。9 个开关量输入，其中 3 个由操作按钮提供，3 个由液位开关提供，最后 3 个由选择开关提供；模拟量输入有 1 路；输出信号有 5 个，3 个动作由直流电磁阀控制，2 个由接触器控制。由此可知，本控制系统采用三菱 FX5U-32MR CPU 模块完全可以，输入输出点都有裕量。

各个元器件由用户提供，因此这里只给选型参数不给出具体材料清单。

10.2.3　硬件设计

两种液体混合控制的 I/O 分配，见表 10-3，硬件设计的主电路、控制电路、PLC 输入输出回路及开孔图样，如图 10-37 所示。

表 10-3　两种液体混合控制 I/O 分配

输入量		输出量	
起动按钮	X0	电磁阀 A 控制	Y0
上限位 L1	X1	电磁阀 B 控制	Y1
中限位 L2	X2	电磁阀 C 控制	Y2
下限位 L2	X3	搅拌控制	Y4
停止按钮	X4	加热控制	Y5
手动选择	X5		
单周选择	X6		
连续选择	X7		
阀 C 按钮	X12		

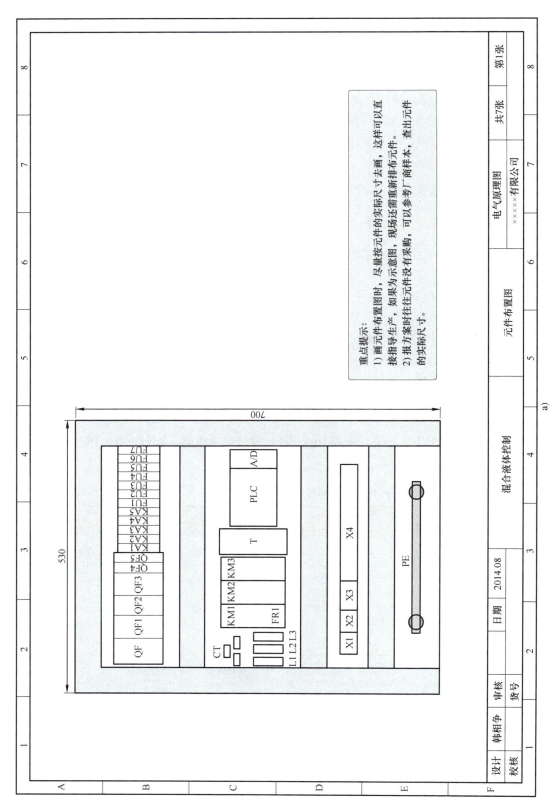

图 10-37 两种液体混合控制硬件图样
a)

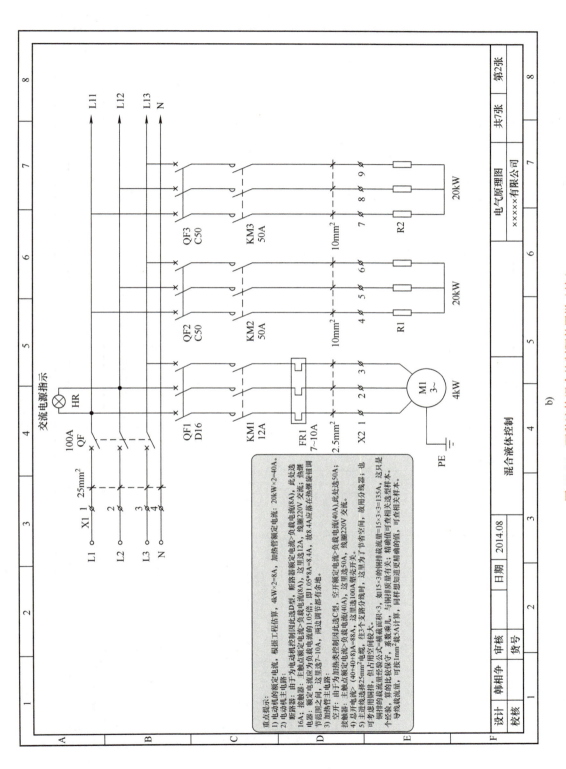

图 10-37 两种液体混合控制硬件图样（续）

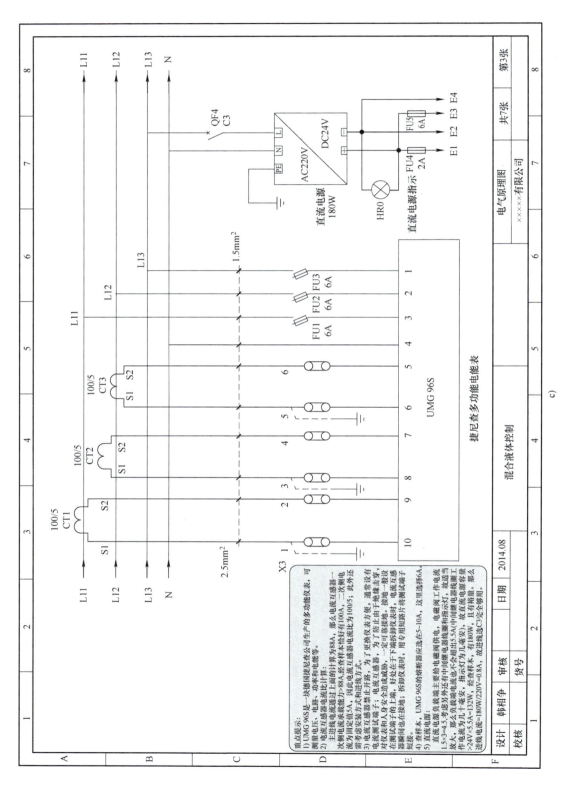

图 10-37 两种液体混合控制硬件图样（续）

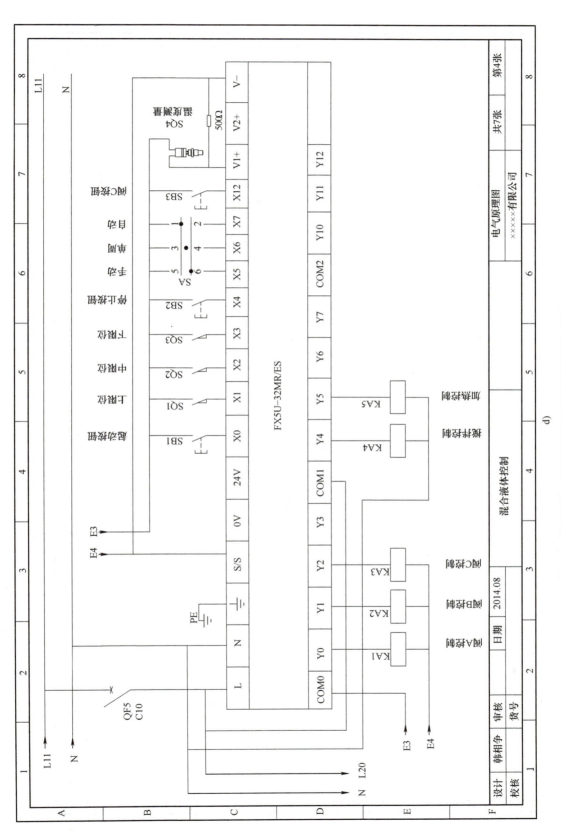

图 10-37 两种液体混合控制硬件图样（续）

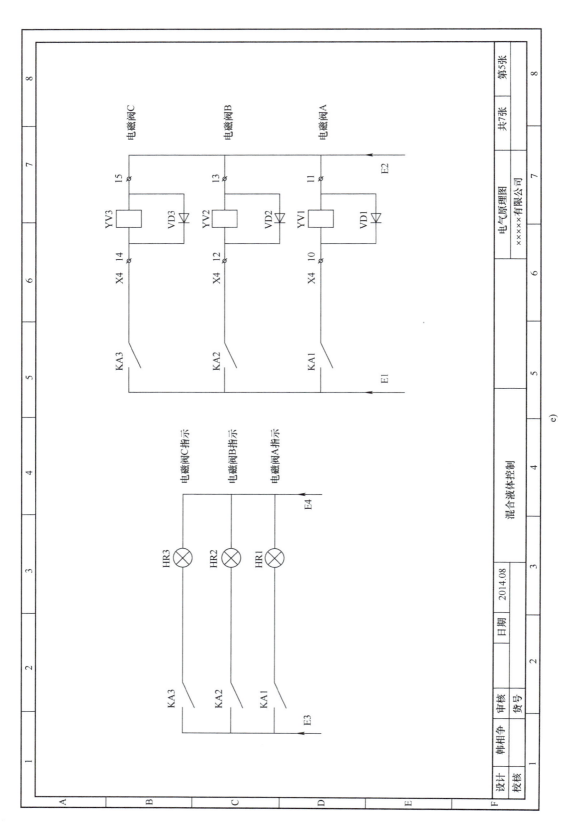

图 10-37 两种液体混合控制硬件图件图样（续）

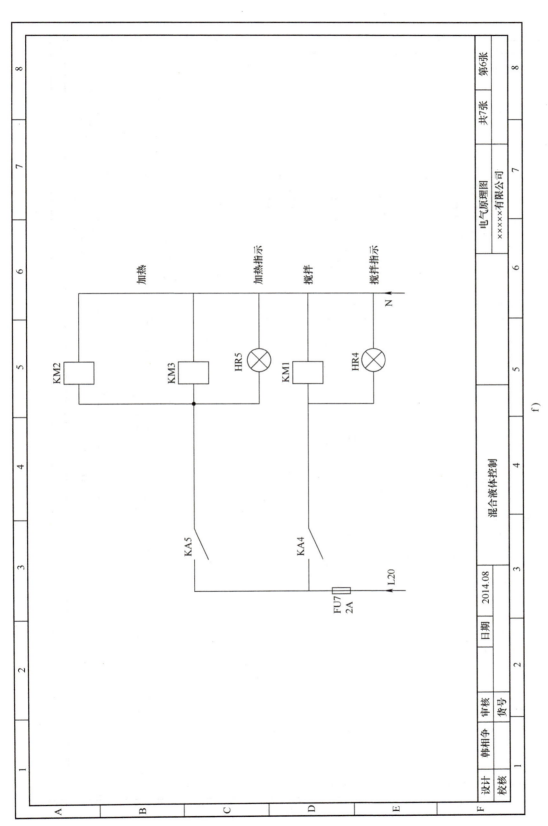

图 10-37 两种液体混合控制硬件图样（续）

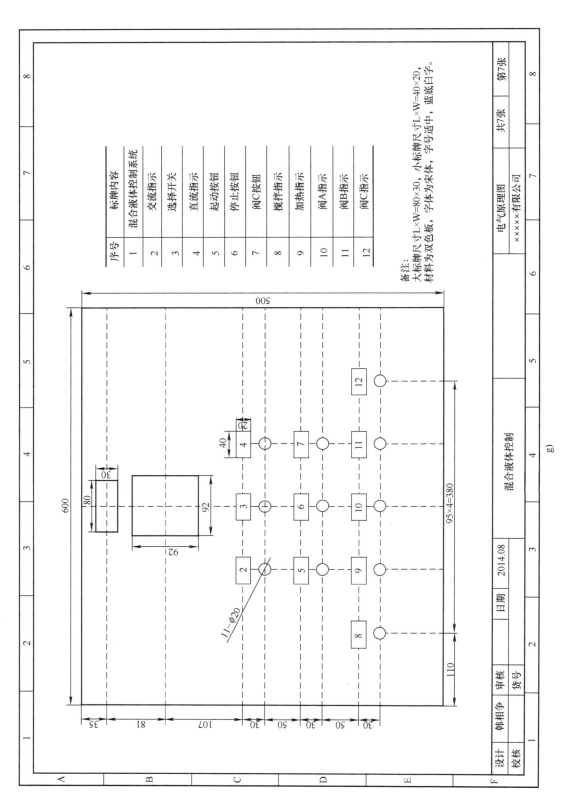

图 10-37 两种液体混合控制硬件图样（续）

10.2.4 程序设计

主程序如图 10-38 所示，当对应条件满足时，系统将执行相应的子程序。子程序主要包括三大部分，分别为公共程序、手动程序和自动程序。

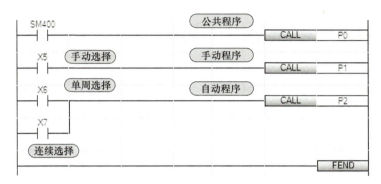

图 10-38 两种液体混合控制主程序

1. 公共程序

公用程序如图 10-39 所示。系统初始状态时容器为空，阀 A~阀 C 均为 OFF，液位开关 L1、L2、L3 均为 OFF，搅拌电动机 M 为 OFF，加热管不加热；故将这些量的常闭点串联作为 M11 为 ON 的条件，即原点条件。其中有一个量不满足，那么 M11 都不会为 ON。

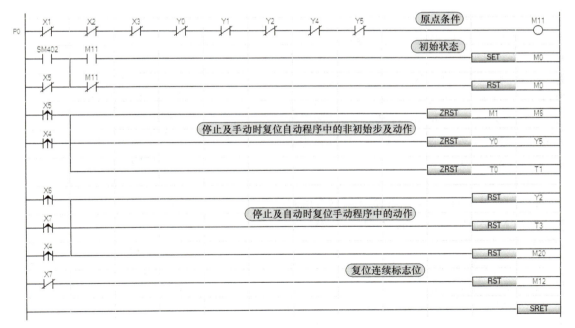

图 10-39 两种液体混合控制公用程序

系统在原点位置，当处于非手动或初始化状态时，初始步 M0 都会被置位，此时为执行自动程序做好准备；若此时 M11 为 OFF，则 M0 会被复位，初始步变为不活动步，即使此时按下起动按钮，自动程序也不会转换到下一步，因此禁止了自动工作方式的运行。

当手动、自动两种工作方式相互切换时，可能会有两步或多步被同时激活，为了防止误动作，因此在手动状态下，辅助继电器 M1～M6、输出继电器 Y0～Y5 和时间继电器 T0、T1 要被复位；在自动（单周和连续）状态下，输出继电器 Y2、时间继电器 T3 和辅助继电器 M20 要被复位；按下停止按钮，需要将辅助继电器 M1～M6、输出继电器 Y0～Y5、时间继电器 T0、T1、T3 和辅助继电器 M20 复位。

在非连续工作方式下，X7 常闭触点闭合，辅助继电器 M12 被复位，系统不能执行连续程序。

2. 手动程序

手动程序如图 10-40 所示。此处设置阀 C 手动按钮（点动），意在当系统有故障时，可以顺利将混合液放出。

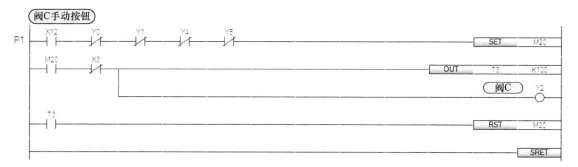

图 10-40　两种液体混合控制手动程序

3. 自动程序

两种液体混合控制顺序功能图如图 10-41 所示。根据工作流程的要求，显然 1 个工作周期有"阀 A 开→阀 B 开→搅拌→加热→阀 C 开→等待 10s"这 6 步，再加上初始步，因此共 7 步（从 M0 到 M6）；在 M6 后应设置分支，考虑到单周和连续的工作方式，一条分支转换到初始步，另一分支转换到 M1 步。

两种液体混合控制自动程序如图 10-42 所示。设计自动程序时，采用置位复位指令编程法，其中 M0～M6 为中间编程元件，连续、单周两种工作方式用连续标志 M12 加以区别。

当常开触点 X7 闭合，此时处于连续方式状态；若原点条件满足，在初始步为活动步时，按下起动按钮 X0，线圈 M1 被置位，同时 M0 被复位，程序进入阀 A 控制步，线圈 Y0 接通，阀 A 打开注入液体 A；当液体到达中限位时，中限位开关 X2 为 ON，程序转换到阀 B 控制步 M2，同时阀 A 控制步 M1 停止，线圈 Y1 接通，阀 B 打开，注入液体 B；以后各步转换依此类推，这里不再重复。

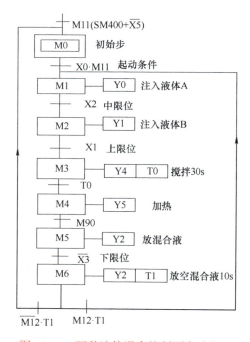

图 10-41　两种液体混合控制顺序功能图

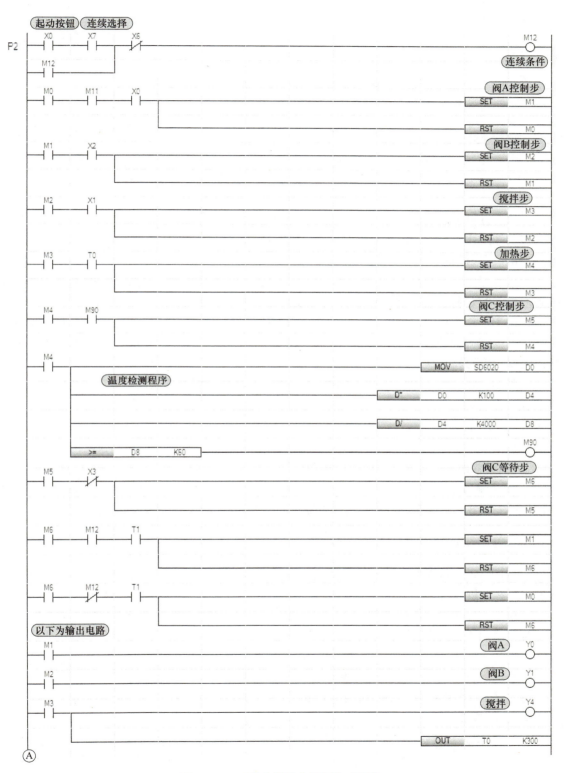

图 10-42 两种液体混合控制自动程序

图 10-42 两种液体混合控制自动程序（续）

单周与连续原理相似，不同之处在于，在单周的工作方式下，连续标志条件不满足（即线圈 M12 不得电），当程序执行到步 M6 时，满足的转换条件为 $\overline{M12} \cdot T1$，因此系统将返回到初始步 M0，系统停止工作。

自动程序中有模拟量程序。控制要求中有"当温度传感器检测到液体的温度为 60℃时，加热管停止；阀 C 打开放出混合液体"，因此设置了此段程序。

这里用三菱 FX5U-32MR CPU 模块本身自带的模拟量通道，将温度变送器接入该模拟量通道。之后需编写模拟程序来表达出 $T=100 \times SD6020/4000$，其中，T 为温度，SD6020 为连续变化的温度对应的数字量。

需强调的是，编写模拟量程序关键点在于找到实际物理量与模块内部数字量对应关系，具体读者可参考 7.3 节。

10.2.5　两种液体混合自动控制调试

1）编程软件：编程软件采用 GX Work3。

2）系统调试：将各个输入/输出端子和实际控制系统的按钮、所需控制设备正确连接，完成硬件的安装并检查无误后，可以将事先编写的梯形图程序传送到 PLC 中进行调试。

10.2.6　编制控制系统使用说明

根据调试的最终结果整理出完整的技术文件，单位存档，部分资料提供给用户，以利于系统的维修和改进。

编制的文件包括硬件接线图、PLC 编程元件表、带有文字说明的梯形图和顺序功能图。

提供给用户的图样为硬件接线图。

> **编者有料**
>
> 1）处理数字量编程顺序控制编程法是关键，大型程序一定要画顺序功能图或流程图，这样思路非常清晰。
>
> 2）模拟量编程一定找好实际物理量与模块内部数字量的对应关系，用 PLC 语言表达出这一关系，表达这一关系无非用到加减乘除等指令；尽量画出流程图，这样编程才会有条不紊。

3）学会应用程序的经典结构，一类程序设置一个子程序，通过主程序调用子程序，思路清晰明了。程序经典结构如下：

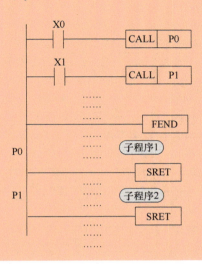

附录 FX5U PLC 端子图

1. FX5U-64M □

• AC电源型

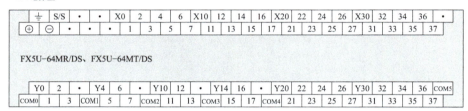

FX5U-64MT/ESS

Y0	2	•	Y4	6	•	Y10	12	•	Y14	16	•	Y20	22	24	26	Y30	32	34	36	+V5
+V0	1	3	+V1	5	7	+V2	11	13	+V3	15	17	+V4	21	23	25	27	31	33	35	37

• DC电源型

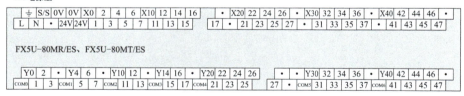

FX5U-64MT/DSS

Y0	2	•	Y4	6	•	Y10	12	•	Y14	16	•	Y20	22	24	26	Y30	32	34	36	+V5
+V0	1	3	+V1	5	7	+V2	11	13	+V3	15	17	+V4	21	23	25	27	31	33	35	37

2. FX5U-80M □

• AC电源型

⏚	S/S	0V	0V	X0	2	4	6	X10	12	14	16	•	X20	22	24	26	•	X30	32	34	36	•	X40	42	44	46	•
L	N	•	24V	24V	1	3	5	7	11	13	15	17	•	21	23	25	27	•	31	33	35	37	•	41	43	45	47

FX5U-80MR/ES、FX5U-80MT/ES

Y0	2	•	Y4	6	•	Y10	12	•	Y14	16	•	Y20	22	24	26	•	•	Y30	32	34	36	•	Y40	42	44	46	•
COM0	1	3	COM1	5	7	COM2	11	13	COM3	15	17	COM4	21	23	25		COM5	31	33	35	37	COM6	41	43	45	47

FX5U-80MT/ESS

Y0	2	•	Y4	6	•	Y10	12	•	Y14	16	•	Y20	22	24	26	•	•	Y30	32	34	36	•	Y40	42	44	46	•
+V0	1	3	+V1	5	7	+V2	11	13	+V3	15	17	+V4	21	23	25		27	+V5	31	33	35	37	+V6	41	43	45	47

• DC电源型

⏚	S/S	•	•	X0	2	4	6	X10	12	14	16	•	X20	22	24	26	•	X30	32	34	36	•	X40	42	44	46	•
⊕	⊖	•	•	1	3	5	7	11	13	15	17	•	21	23	25	27	•	31	33	35	37	•	41	43	45	47

FX5U-80MR/DS、FX5U-80MT/DS

Y0	2	•	Y4	6	•	Y10	12	•	Y14	16	•	Y20	22	24	26	•	•	Y30	32	34	36	•	Y40	42	44	46	•
COM0	1	3	COM1	5	7	COM2	11	13	COM3	15	17	COM4	21	23	25		COM5	31	33	35	37	COM6	41	43	45	47

FX5U-80MT/DSS

Y0	2	•	Y4	6	•	Y10	12	•	Y14	16	•	Y20	22	24	26	•	•	Y30	32	34	36	•	Y40	42	44	46	•
+V0	1	3	+V1	5	7	+V2	11	13	+V3	15	17	+V4	21	23	25		27	+V5	31	33	35	37	+V6	41	43	45	47

参考文献

[1] 韩相争. 西门子 PLC、触摸屏、变频器应用技巧与实战 [M]. 北京：机械工业出版社，2022.
[2] 韩相争. 三菱 FX 系列 PLC 编程速成全图解 [M]. 北京：化学工业出版社，2015.
[3] 韩相争. 西门子 S7-200 SMART PLC 编程从入门到实践 [M]. 北京：化学工业出版社，2021.
[4] 韩相争. 西门子 S7-200 SMART PLC 实例指导学与用 [M]. 北京：电子工业出版社，2023.
[5] 韩相争. 西门子 S7-200 SMART PLC 编程技巧与案例 [M]. 北京：化学工业出版社，2017.
[6] 韩相争. PLC 与触摸屏、变频器、组态软件应用一本通 [M]. 北京：化学工业出版社，2018.
[7] 韩相争. 彻底学会西门子 S7-200 SMART PLC [M]. 北京：中国电力出版社，2019.
[8] 李庆海，王成安. 触摸屏组态控制技术 [M]. 北京：电子工业出版社，2015.
[9] 姚晓宁. 三菱 FX5U PLC 编程及应用 [M]. 北京：机械工业出版社，2021.